Nach den Regeln der neuen Rechtschreibung

Titel der französischen Ausgabe:
Imagia, Nature
Printed in France by Partenaires-livres
Januar 1999
ISBN 3-89717-100-7

magica

UNSERE WUNDERBARE WELT

NATUR

VERBLÜFFENDE PHÄNOMENE

Idee:
Emilie Beaumont

Text:
Christine Lazier

Illustrationen:
Marie-Christine Lemayeur
Bernard Alunni

Aus dem Französischen von
Stefanie Gabriel und Susanne Kaufmann

FLEURUS VERLAG

FLEURUS VERLAG, Mainzer Straße 116, 66121 Saarbrücken

Der Urknall

Wissenschaftler vermuten, dass vor ungefähr 15 bis 20 Milliarden Jahren eine gewaltige Explosion stattgefunden hat, bei der das Universum entstanden ist. Diese Explosion nennt man Urknall oder Big Bang.

Über die Einzelheiten dieser „Geburtsgeschichte" gibt es unterschiedliche Theorien.
Die meisten gehen davon aus, dass am Anfang ungeheure Mengen Energie in einer kleinen Kugel konzentriert waren.
Diese Kugel war deshalb unvorstellbar heiß und explodierte. Innerhalb des Bruchteils einer Sekunde setzte sich Materie frei und das Universum begann sich auszudehnen.
Die Temperatur sank und Staub ballte sich zusammen: So bildeten sich die ersten Sterne.
Nach und nach entstanden die Planeten. Vor rund 4,5 Milliarden Jahren fing die Erde an zu existieren.

Die Schönheit des Alls

Sterne, die gemeinsam ein System bilden, werden Sternsystem oder Galaxie genannt. Galaxien haben unterschiedliche Größen und Formen.

Wir leben in der Galaxie Milchstraße, die rund 200 Milliarden Sterne umfasst. Unsere Sonne ist ein ganz gewöhnlicher Stern in diesem riesigen Sternsystem.
Die Milchstraße hat die Form einer abgeflachten Scheibe und gehört zu den Spiralgalaxien.

Sie hat einen Durchmesser von etwa 90 000 Lichtjahren. Ein Lichtjahr ist die Entfernung, die das Licht bei einer Geschwindigkeit von 300 000 km pro Sekunde in einem Jahr zurücklegt!

Die Saturnringe

Der Saturn besitzt deutlich sichtbare Ringe. Sie setzen sich aus unzähligen Eis- und Gesteinsbrocken zusammen. Manche sind so klein wie Schneeflocken, andere erreichen die Ausmaße eines Hauses. Sie werden von Saturn so stark angezogen, dass sie sich nie zu Planeten zusammenballen konnten. Betrachtet man die Ringe genauer, stellt man fest, dass sie aus vielen kleinen Ringen bestehen.

Eine Kugel aus Gas

Jupiter ist der größte Planet unseres Sonnensystems: Sein Durchmesser ist 11-mal so groß wie der unserer Erde! Er hat keine feste Oberfläche.

Erstaunlicher Planet

In den dichten Wolkendecken, die Jupiter umgeben, herrscht eine Temperatur von –150 °C. Im Inneren der Kugel werden dagegen rund 30 000 °C erreicht! Dieser Planet dreht sich am schnellsten in unserem Sonnensystem. Bekannt ist er für seinen riesigen roten Fleck. Man nimmt an, dass es sich dabei um einen gigantischen Wirbelsturm handelt, der mit mehr als 500 km/h über Jupiter hinwegrast!

16 Monde

Um Jupiter kreisen 16 Monde, von denen Io, Callisto, Ganymed und Europa die größten sind. Sie bestehen hauptsächlich aus Eis und Gestein. Auf Io gibt es Vulkane, die Lava bis 280 km hoch spucken (Bild unten).

Der Rote Planet

Mars ist der vierte Planet unseres Sonnensystems. Er wird von den Monden Phobos und Deimos begleitet. Bei seiner Entstehung vor langer Zeit muss er der Erde geähnelt haben. Aber heute ist er trockener als jede Wüste!

Die Marsoberfläche ist mit Kratern, Vulkanen und Bergen bedeckt und von langen Gräben zerfurcht. Manche dieser riesigenTäler sind länger als 4000 km. Ob sie wohl einst durch Wassermassen entstanden sind? Der höchste Vulkan ist der Mons Olympus. Er ist 25 km hoch!

Jahreszeiten

Auf dem Mars gibt es wie auf der Erde die verschiedenen Jahreszeiten. Im Winter sind die Pole mit Eis und gefrorenem Kohlendioxid bedeckt, das im Frühling schmilzt. In Polnähe kann die Temperatur auf –130 °C absinken! Auf dem Mars wehen starke Winde, die Sandstürme verursachen.

Seit langer Zeit schon beschäftigt und fasziniert dieser Planet die Menschen!

Gleißende Sonne

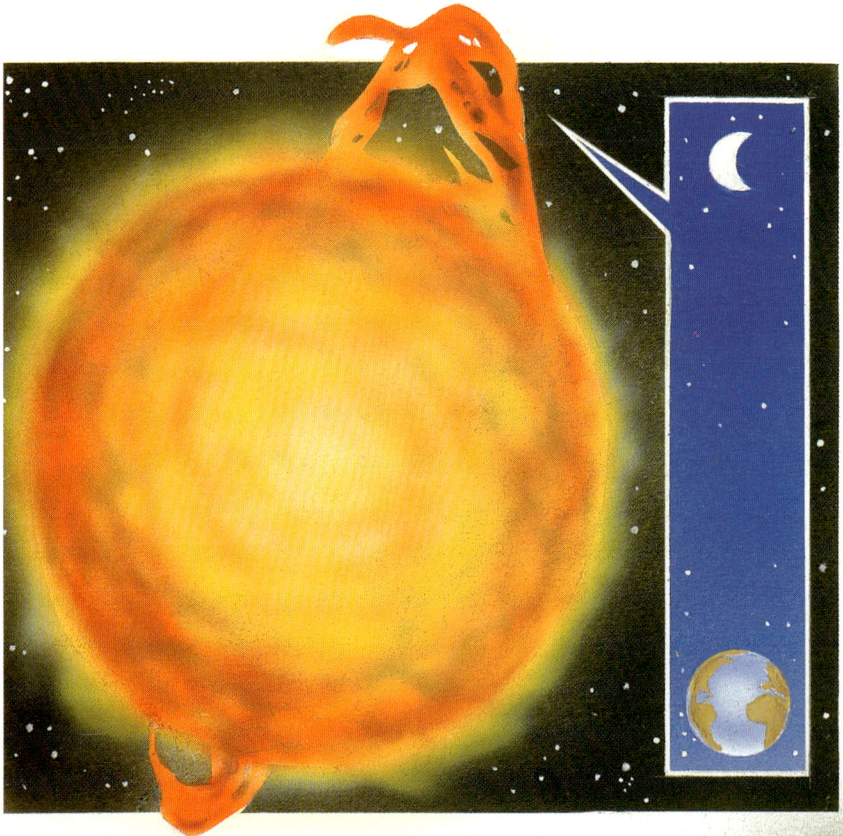

Gasausbrüche

Die Sonne ist ein Stern, der 150 Millionen km von der Erde entfernt ist. Sie ist eine Gaskugel, die auf der Oberfläche mehr als 5000 °C aufweist!
Sie versorgt uns mit Wärme und Licht.
Ständig finden auf der Sonne Explosionen statt. Dabei bricht Gas aus und wird bis zu 300 000 km hoch geschleudert. Das entspricht in etwa der Entfernung zwischen Erde und Mond.
Der heftigste Gasausbruch erreichte eine Höhe von 500 000 km!

Sonnenfinsternis

Der Mond dreht seine Runden um die Erde. Und die Erde umkreist die Sonne.
Selten geschieht es dabei, dass der Mond sich auf einer Linie zwischen Erde und Sonne schiebt und die Sonne kurzzeitig verdeckt.
Für diese kurze Zeit ist es dann dunkel auf der Erde. Eine Sonnenfinsternis ist immer nur von einem ganz bestimmten Ort auf der Erde aus zu sehen.
Verdeckt der Mond die Sonne völlig, spricht man von einer totalen Sonnenfinsternis.
Das geschieht aber sehr selten und dauert nie länger als 7 Minuten.
Die nächste totale Sonnenfinsternis wird man in Mitteleuropa am 11. August 1999 für genau 2 Minuten und 23 Sekunden beobachten können

Himmelskörper

Kometen bestehen aus Eis, Gestein und Staub. Ihr Kern ist nicht größer als 10 km. Auf lang gestreckten Bahnen umrunden sie die Sonne. So sind sie mal weniger, mal weiter von der Sonne entfernt.

Nähert sich ein Komet der Sonne, verdampft das Eis. Gas und Staub werden zu einer Gaswolke, die man Koma nennt. Diese Koma ist hell leuchtend. Wird die Koma vom Sonnenwind weggeweht, bildet sich ein Schweif. Das sieht dann aus, als ob lange Haare den Kometen umwehen. Ein Schweif kann Millionen Kilometer lang werden! Am bekanntesten ist der Komet Halley (Bild links), der sich alle 76 Jahre der Sonne nähert.

Asteroiden

Asteroiden (Bild unten) werden auch Planetoiden genannt. Sie sind Gesteinsbrocken von sehr unterschiedlicher Größe, die die Sonne umkreisen. Der größte heute bekannte Asteroid ist Ceres.

Sterbende Sterne

In ungefähr 5 Milliarden Jahren wird die Sonne all ihre Energiereserven verbraucht haben und erlöschen. Dann wird kein Leben auf der Erde mehr möglich sein.
Ob die Menschen dann andere Planeten bewohnen?

Sanftes Sterben
Gehen die Energievorräte eines Sternes zur Neige, beginnen sich seine äußeren Schichten aufzublähen. Er wird zu einem roten Riesen. Danach schrumpft der sterbende Stern auf einen Bruchteil seiner ursprünglichen Größe zusammen. Dabei wird er sehr heiß. Jetzt nennt man ihn einen weißen Zwerg. Im Laufe der nächsten Milliarden Jahre kühlt er ab und verwandelt sich in einen unsichtbaren schwarzen Zwerg.

Explosives Sterben
Sterne, die größer als die Sonne sind, sterben anders. Sie werden noch viel kleiner als die weißen Zwerge, bis ihre Masse auf einen kleinen Punkt zusammengeschrumpft ist. In einer gigantischen Explosion wird dann der letzte Energievorrat verbrannt, Gas und Materie werden ins All geschleudert. Das ist eine Supernova. So gewaltsam beenden nur sehr große Sterne ihr Dasein: Das geschieht etwa alle 100 Jahre innerhalb einer Galaxie. Nach der Supernova bleibt ein Neutronenstern von großer Masse, aber geringer Größe übrig.

Meteore und Meteoriten

Sternschnuppen

Sternschnuppen werden auch Meteore genannt. Jeden August ist am Himmel ein wahrer Sternschnuppenschauer zu sehen.
Das sind Steinstückchen, die aus dem Schweif des Kometen Swift-Tuttle stammen, in die Erdatmosphäre eintreten und hier verglühen.
Nur für wenige Sekunden ist das helle Aufleuchten zu beobachten.

Steine aus dem All

Größere Steinbrocken, die Richtung Erde fallen und beim Eintritt in die Erdatmosphäre nicht völlig verglühen, nennt man Meteoriten. Je nach Größe hinterlassen sie beim Aufprall auf die Erde richtige Einschlagkrater.
Eine gewisse Gefahr geht auch von Kometen und anderen Himmelskörpern aus, die die Umlaufbahn der Erde kreuzen.
Tutatis z. B. kreuzt alle vier Jahre die Erdumlaufbahn: Ein Zusammenstoß wäre also möglich. Würde dies geschehen, entstünde auf der Erdoberfläche ein riesiger Krater von 48 km Durchmesser. Ein Sturz ins Meer wäre nicht weniger schlimm, denn er hätte furchtbare Sturmfluten zur Folge. Wissenschaftler nehmen an, dass sich dieser Himmelskörper im Jahr 2004 mit 1,5 Millionen km Entfernung recht nahe an der Erde befinden wird.
Im Jahr 2126 kann Kollisionsgefahr vom Kometen Swift-Tuttle ausgehen, der sich dann den Berechnungen nach der Erde nähern wird.

Gewaltige Krater

Die Einsturzstelle

Meteoriten hinterlassen an ihrer Einsturzstelle Krater. Manche sind von enormer Größe.
In Arizona in den USA gibt es einen Krater, der einen Durchmesser von 1300 m und eine Tiefe von 175 m aufweist.
Der Meteorit, der dort abgestürzt ist, muss 25 m groß und um die 65 000 t schwer gewesen sein!
Vor ca. 25 000 Jahren hat sich dieser Einschlag ereignet.

Die Explosion

Unmittelbar nach dem Aufprall hat eine gewaltige Explosion stattgefunden, die tausendmal stärker war als die der Atombombe auf Hiroshima!
Tonnen von Meteoritgestein wurden weggeschleudert und gingen wie Geschosse auf die Umgebung nieder.
Eine gigantische Druckwelle breitete sich aus.
Alles wurde unter einem dicken Aschenregen begraben.

Wie groß ist die Gefahr?

Wirklich große Meteoriten stürzen nur sehr selten auf die Erde.
Ein so schwerer Aufprall wie in Arizona findet nur alle 25 000 Jahre statt!
1920 hat man in Namibia einen Meteoriten von 70 t Gewicht gefunden.
Einschläge kleinerer Meteoriten geschehen häufiger: Jährlich stürzen ca. 10 000 Gesteinsstücke aus dem All auf die Erde.
Meist fallen sie unbemerkt ins Meer.

Leben auf der Erde

Leben gibt es nicht seit Anbeginn der Erde. Vor rund 800 Millionen Jahren entstanden im Wasser die ersten Formen von Leben.

Die ersten Lebewesen bestanden aus einer einzigen Zelle. Dann kamen bald Schwämme und Würmer. Später entwickelten sich die Schalentiere.

Wirbeltiere

Das erste Wirbeltier war ein kieferloser Fisch, der vor rund 500 Millionen Jahren lebte. Aus ihm gingen später richtige Fische hervor, die sich zu Amphibien weiterentwickelten und nach und nach das Land eroberten.

Die Dinosaurier

Diese Reptilien entstanden vor ungefähr 200 Millionen Jahren. Die kleinsten maßen gerade 30 cm, die größten wurden bis 35 m lang!

Frühe Menschen

Nach dem Aussterben der Dinosaurier breiteten sich die Säugetiere auf der Erde aus. Aus ihnen entwickelten sich vor nur 4 Millionen Jahren die ersten Vormenschen.
Ihr Hauptvertreter war der Australopithecus.

Zeugen aus der

zwischen wenigen Zentimetern und mehr als 2 m! Ihre Kalkschale war spiralförmig und in mehrere Kammern unterteilt.
Das Tier selbst lebte in einer Kammer an der Schalenöffnung. Wurde diese Kammer zu klein, baute es eine neue an.
Zeitgenossen der Ammoniten waren erste Muscheln, Rochen, Krebse, Garnelen und Langusten.
Auf dem Land herrschten die Dinosaurier.
Wie diese starben die Ammoniten vor 65 Millionen Jahren aus.

Stromatolithen
In der Shark Bay in Australien kann man seltsam geformte Gebilde aus Kalk betrachten, die man Stromatolithen oder Algenkalke nennt.
Der Kalk entstand vor über 3,5 Milliarden Jahren aus dem Zusammenspiel von Blaualgen und Bakterien.
Diese Gebilde sind die ältesten Spuren des Lebens auf der Erde.
Erstaunlich ist, dass auch heute noch Stromatolithen gebildet werden, die genauso aussehen.
Sie finden heute also die gleichen Lebensbedingungen wie vor über 1 Milliarde Jahren.

Ammoniten
Diese Kopffüßer sind die Vorfahren der Tintenfische, Kraken und Kalmare.
Sie lebten vor 200 Millionen Jahren in den Meeren. Sie sind ausgestorben.
Die Ammoniten erreichten Größen

Versteinerte Ammoniten

Frühzeit der Erde

Noch heute lebt der Quastenflosser, eine uralte Fischart.

Fossilien beweisen, dass Farne sehr alte Pflanzen sind.

Fossilien nennt man die Überreste oder die Abdrücke alter, ausgestorbener Pflanzen und Tiere in Stein.

Die harten Teile der Organismen wie Zähne, Knochen, Schalen oder Rinden sind erhalten geblieben und vielerorts ausgegraben worden. In Australien hat man sogar in Opal umgewandelte Schnecken und die Skelette kleiner Dinosaurier gefunden!

Alter der Fossilien
Die Wissenschaftler haben verschiedene Verfahren, mit denen sie das Alter von Fossilien bestimmen: Bei der physikalischen Altersbestimmung werden Fossilien radioaktiv bestrahlt. Die Zerfallszeiten ihrer Bestandteile geben dann Aufschluss über das Alter der Versteinerungen.
Eine andere Möglichkeit liegt darin, das Alter der einzelnen Gesteinsschichten zu bestimmen, in die das Fossil eingeschlossen ist.
Der Quastenflosser ist ein lebendes Fossil: Er stammt aus der Zeit, als die ersten Amphibien entstanden. Seitdem hat er sich nicht verändert.
Zu diesem Zeitpunkt entwickelten sich auch aus den Algen die ersten Moose und Farne.
Vor etwa 20 Millionen Jahren erschienen die ersten blühenden Pflanzen.
Ihre Fossilien liefern wichtige Informationen über die damaligen Lebensbedingungen.

Naturschauspiele

Fata Morgana

Nicht immer nehmen die Sonnenstrahlen einen geraden Weg.
Auch heiße Luft lenkt ihren Weg ab.
In der flimmernden Wüstenluft beschreiben die Strahlen eine Kurve.
So entstehen optische Täuschungen: Man glaubt z. B. mitten in der Wüste Wasser zu sehen.
Aber auch kalte Luft kann den geradlinigen Weg der Sonnenstrahlen brechen.
So berichtete man 1907 von einer solchen Sinnestäuschung in der Arktis.
Eine Fata Morgana ist also eine Luftspiegelung, die uns Trugbilder vorgaukelt.

Der Regenbogen

Ein heftiger Regenschauer ist vorüber. Die Sonne scheint schon wieder und am Himmel entsteht wie durch Zauberhand ein Regenbogen in Rot, Orange, Gelb, Grün, Blau, Indigo und Violett.
Wie kommt er zustande?
Obwohl das Sonnenlicht weiß aussieht, setzt es sich aus verschiedenen Farben zusammen.
Trifft ein Sonnenstrahl auf einen Wassertropfen, wird der gerade Weg des Lichtes abgelenkt und es spaltet sich in die einzelnen Farben auf.
Nach dem Regen oder in der Nähe eines Wasserfalls hängen tausende von Wassertropfen in der Luft, welche die Sonnenstrahlen brechen und den Regenbogen erscheinen lassen

Zerstörerische Stürme

Tropische Stürme
Über den tropischen Meeren können verschiedene Stürme entstehen, die Zyklon, Taifun oder Hurrikan heißen.
Sie haben einen stillen Sturmmittelpunkt, den man Auge nennt. Um ihn herum fallen heftige Schauer, toben Winde und zucken grelle Blitze. Zyklone können Windgeschwindigkeiten von 200 km pro Stunde erreichen! Im letzten Jahrhundert tobte in Indien ein solcher Sturm. Er ließ das Wasser um 12 m ansteigen und 250 000 Menschen umkommen!

Tornado
Tornados sind Wirbelstürme vor allem in den mittleren Breitengraden. Sie entstehen aus Gewitterwolken und erreichen in ihrem Zentrum Geschwindigkeiten bis zu 500 km pro Stunde. Auf ihrem Weg über das Land zerstören sie alles, was sich ihnen entgegenstellt: Bäume, Autos, Häuser ... Sie können sogar im Nu Seen und Flüsse trockenlegen!

Der Monsun

In Indien, China und im Süden des Himalajas unterscheidet man zwei Jahreszeiten: Wintermonate ohne und Sommermonate mit Regen. Die Regenzeit wird Monsun genannt

Wind, der Regen bringt
Die Windrichtung ändert sich mit der Jahreszeit.
Im Winter sammeln sich die Luftmassen über Indien.
Der Luftdruck über dem Meer ist niedriger und ein trockener Wind bläst vom Landesinneren aufs Meer.
Im Sommer erhitzt sich das Land durch die Sonneneinstrahlung.
Die warme Luft ist leichter und steigt mehrere Kilometer hoch.
Am Boden entsteht dadurch eine Leere, die feuchte Luft vom Meer ansaugt. Winde entstehen, die endlich den lang ersehnten Regen in das trockene Land bringen.

Eine wahre Sintflut!
Der Monsun bringt sintflutartige Regenfälle und verursacht gewaltige Überschwemmungen, die große Teile des Landes zerstören.
Trotzdem sind die Regenfälle erwünscht.
Denn sie machen die Erde fruchtbar: Allein im Dschungel gedeihen dann auf einem Hektar über 100 verschiedene Pflanzenarten!
Die heftigen Regenfälle bewirken also auch Gutes!

Gewalt des Himmels

***Ein Gewitter entsteht hoch oben in den größten Wolken.
In deren Wolkenspitzen befinden sich Eiskristalle mit einer Temperatur von ca. –50 °C, am unteren Wolkenrand sind Wassertröpfchen von ungefähr 0 °C.
Die Mischung dieser unterschiedlichen Wasserformen bewirkt, dass sich die Wolke elektrisch auflädt.***

Ein Gewitter

Die Elektrizität in der Luft entlädt sich: Grelle Blitze zucken am Himmel!
Danach folgt ein dumpfes Grollen: Weithin ist der Donner zu hören.
Er entsteht dadurch, dass die Blitze die Luft erwärmen und Energie freisetzen.
Bald darauf fallen dicke Regentropfen vom Himmel.
Der Blitz hat eine hohe Stromstärke.
Schlägt er z. B. in ein Haus oder einen Baum ein, verursacht er verheerenden Schaden.

Große Blitze erreichen eine Temperatur von 30 000 °C! Das ist das 5fache der Temperatur, die auf der Sonne herrscht!

Mitternachtssonne

Diese Pinguine in der Antarktis genießen die Mitternachtssonne!

Je nach Jahreszeit sind bei uns die Tage und Nächte länger oder kürzer. An den Polen aber ist immer 6 Monate Nacht und 6 Monate Tag.

Die Ursache für die Tageszeiten liegt in der Bewegung der Erde, die sich wie ein Kreisel um die eigene Achse dreht. Sind wir der Sonne zugewandt, ist Tag. Im gegenteiligen Fall ist es Nacht.
Die Achse ist geneigt (rechts), sodass die Pole im Winter immer im Dunkeln, im Sommer immer im Hellen liegen. Während der 6 Wintermonate herrscht die so genannte Polarnacht.
In den folgenden 6 Monaten geht die Sonne am Pol nicht einmal unter: ein Sommer voller Sonne. Und trotzdem ist es bitterkalt:
Die durchschnittliche Jahrestemperatur beträgt nur eisige –45 °C.
Der kälteste Polarmonat ist nicht der Januar, sondern der März. In der Antarktis hat man schon –89 °C gemessen! Das ist wirklich ein Kälterekord.
Im Polarsommer scheint bei tiefen Temperaturen die Sonne rund um die Uhr, also auch um Mitternacht. Deshalb spricht man von Mitternachtssonne.
Das gibt es nur in der Nähe der Pole.

Die Drehung um die eigene Achse, die geneigte Stellung der Erdachse zur Sonne und die Drehung der Erde um die Sonne bewirken die Tages- und die Jahreszeiten.

Faszinierende Polarlichter

Wunderbare Gebilde von grüner, goldener oder rötlicher Farbe entfalten sich am Himmel, eindrucksvolle Lichtspiele sind zu beobachten.

Ein Himmel voller Sonnen

In der kalten Polarluft hängen unzählige Eiskristalle, die das Sonnenlicht brechen und zurückstrahlen.
Dadurch entstehen ungewöhnliche Sinnestäuschungen und prächtige Farbenspiele.
Manchmal sieht es dann so aus, als ob viele Monde oder Sonnen am Himmel stünden!

Die Sonne schleudert elektrisch geladene Teilchen auf unseren Planeten, den so genannten Sonnenwind.
Im Normalfall schützt uns das Magnetfeld der Erde vor diesen Teilchen.
Nur an den Polen ist das Magnetfeld wie ein Trichter geformt und zieht die Teilchen in die tiefere Erdatmosphäre.
In einer Höhe von 110 bis 400 km fangen diese energiereichen Teilchen an zu leuchten.

Wolkenformen

Kumulus: Diese Haufenwolken sind einzelne Wolken, die sich in Höhen zwischen 500 m und 10 km befinden können. Sie bestehen aus kleinen Wassertröpfchen. In der Regel sind sie ein Zeichen für schönes Wetter. Ist es sehr heiß, können sie auch Regen bringen.

Kumulonimbus: Diese Wolken türmen sich als Gewitterwolken bis zu 16 km hoch auf.
Sie sehen aus wie riesige Pilze und sind unten dunkler als an der Oberseite.
Sie bringen Regenschauer, Hagel, Blitz und Donner.

Zirrostratus: Das sind hohe, durchsichtige Wolken aus Eiskristallen.
Man findet sie in einer Höhe von 5 bis 10 km.
Sie sind oft in Streifen angeordnet und kündigen eine Wetterverschlechterung an.

Stratokumulus: Diese Schäfchenwolken in 2 bis 6 km Höhe bestehen aus vielen kleinen Wolken.
Sie liegen teils dicht beieinander, teils sind sie auseinander gerissen. Unzählige Wassertröpfchen bilden dazu runde und streifenförmige Wolken.

Zirrokumulus: In einer Höhe von mehr als 6 km sind diese Wolkenbänke zu sehen. Die einzelnen Wolken sind weiß und sehr schmal. Meist sind sie in Reihen oder Bändern angeordnet. Tauchen diese Wolken am Himmel auf, ist es ein gutes Zeichen, denn sie kündigen schönes Wetter an.

Nimbostratus: Diese Wolken verdecken in 2 bis 6 km Höhe die Sonne und bilden eine dichte Decke. Der Himmel wirkt dunkel und bedrohlich. Heftiger, anhaltender Regen oder Schnee lassen nicht lange auf sich warten.

Die Kraft des Windes

Diese Sanddüne scheint ruhig zu sein. Aber wenn der Wind sie voranbläst, kann sie innerhalb weniger Stunden ein Dorf verschlingen! Dünen in der Wüste bewegen sich sonst etwa 20 m im Jahr.

Der Wind verfügt über gigantische Kräfte. In der Wüste verformt er pausenlos die Landschaft, indem er die Sandkörner verweht.

Der Wind hält die Sandkörner ununterbrochen in Bewegung. Starker Wind kann den Sand bis in 4 km Höhe wehen und eine Mauer aus Sand entstehen lassen, die sich schnell bewegt: Das ist ein Sandsturm!

Sandregen

1988 rieselten 200 000 t Sahara-Sand auf Europa nieder! Ein starker Wind hatte in Algerien den Sand hochgeweht und bis nach Europa getragen. In der oberen Luftschicht kühlten die Sandkörner ab, vermischten sich mit Regentropfen und fielen als roter Sandregen auf die Erde zurück.

Die Dünen

An Stränden und in den Wüsten bläst der Wind den Sand vor sich her und wirft ihn zu Dünen auf. Er bestimmt und verändert auch ihr Aussehen: Manchmal sind Dünen bogenförmig, manchmal bilden sie lange Reihen. Ständig ist der Sand durch die Kraft des Windes in Bewegung. Als Schutz pflanzt man an der Küste oft Bäume mit langen Wurzeln, die den Sand festhalten.

An ungeschützten Küsten sind die Bäume der Kraft des Windes ausgesetzt.

Wundersame Felsen

Auch Steine und Felsen sind ständig dem Wind ausgesetzt. Zusätzlich wirken Regen, Frost und Temperaturschwankungen auf sie ein.

Erosion

Wind und Wetter wirken auf den Stein ein und verändern seine Form. Diesen Vorgang nennt man Erosion: Stück für Stück wird das Gestein langsam abgetragen. So werden Berge immer kleiner.

Erdpyramiden

Diese säulenförmigen Gebilde entstanden vor etwa 8 Millionen Jahren. Nach Vulkanausbrüchen lagerten sich Lava, Erde und Asche in Schichten ab. Diese Anhäufungen wurden vom Regenwasser geformt, bis einzelne Säulen entstanden (siehe Bild rechts). Oft findet man auf ihren Spitzen Decksteine. Sie schützen die Säulen wie Regenschirme.

Manche der Erdpyramiden sind bis zu 30 m hoch!

Felsskulpturen

In trockenheißen Ländern weht ein Wind, der Sand, Staub, vulkanische Asche und Steinchen mit sich trägt. Diese feinen Teilchen schmirgeln nach und nach die Felsen ab. Sie sind genauso wirkungsvoll wie Sandpapier. Dabei entstehen im Laufe der Jahrhunderte seltsame Formen, so wie es hier links auf dem Bild zu sehen ist.

Baumeister Natur

1909 wurde die Rainbow-Bridge entdeckt. Sie ist eine der schönsten Naturbrücken der Welt.

Brücken und Bögen, die natürlich entstehen, bilden sich meist aus Sandstein oder lehmhaltigem Gestein.

Diese Gesteinsarten sind nicht besonders hart. Dem Wasser gelingt es deshalb im Laufe einiger tausend Jahre, sich einen Weg durch das Gestein zu bahnen. So können Brücken und Bögen in ganz ungewöhnlichen Formen entstehen. Die Indianer Nordamerikas glaubten durch sie wie durch ein Fenster in eine andere Welt zu sehen.

Rekordbauwerke

Die Rainbow-Bridge im amerikanischen Utah ist 85 m lang und 7 m breit! Die Landscape Arch, ebenfalls in Utah, bringt es auf eine Länge von 88 m. Sie ist 30 m hoch, allerdings an manchen Stellen nur noch 2 m breit.

Die wahrscheinlich höchste Naturbrücke befindet sich in China: Man schätzt, dass die Brücke von Kashi 312 m hoch und 45 m lang ist! Leider sind alle diese schönen Brücken nicht für die Ewigkeit gemacht: Wind und Wetter schleifen das Gestein immer weiter ab, bis sie einstürzen.

Ein Berg entsteht

Die Erdkruste besteht aus dicken Platten, die man Kontinentalplatten nennt. Sie tragen die Erdteile und die Meere. Diese Platten bewegen sich ständig ganz langsam auf einer Schicht geschmolzenen Gesteins.

Das Werden eines Gebirges

Prallen zwei Kontinentalplatten aufeinander, falten sich die unteren Gesteinsschichten durch den enormen Druck zusammen. Die oberen Schichten dagegen brechen auf und schichten sich übereinander.
Das Gestein wird im Laufe vieler Jahre, oft unter der Einwirkung von Erdbeben, zu Gebirgen aufgetürmt.
Das geschieht aber sehr langsam: Über 10 Millionen Jahre sind nötig!
Gebirge unterliegen einem ständigen Wandel. Nach ihrer Entstehung werden sie von Wind und Wetter verformt und abgetragen.
Ist ein Gebirge alt, sind die Berggipfel verwittert.
Die Form hat sich geändert: Sie sind abgerundet. Jüngere Gebirgen haben steile Wände und spitze Gipfel.

Ayers Rock

Vor ca. 400 Millionen Jahren entstand in Australien dieses seltsame Gebirge: Inmitten der Wüste ragt ein Gebirgsblock aus rotem Sandstein aus dem Boden.
Er wirkt wie eine Insel.
Das Gebirge ist 3,6 km lang und 348 m hoch.
Die Erosion hat hier einmalige Formen hervorgebracht: Mancher sieht darin den Schwanz eines Kängurus oder den Körper einer Eidechse ...
Die Ureinwohner nennen dieses Gebirge Uluru und verehren es als heiligen Ort.

Gipfel der Erde

Vor 200 Millionen Jahren, zur Zeit des Jura, wurde die Erdkruste rissig und teilte sich. Das Auseinanderdriften dieser Teile ließ die Kontinente entstehen.

Indien trennte sich von dem riesigen Kontinent, der Gondwana hieß, ab und bewegte sich 4 bis 18 cm im Jahr vorwärts. Schließlich prallte diese Platte auf Asien. Dic Kraft dcs Zusammenstoßes ließ das höchste Gebirge der Welt entstehen: den Himalaja. Man nennt dieses Gebirge auch „Dach der Welt". Der höchste Berg ist der Mount Everest: Er liegt an der Grenze zwischen Nepal und Tibet und ist 8846 m hoch!

Alpen und Jura
In der Zeit des Tertiär warfen sich Gesteinsschichten in Falten und schoben sich übereinander. So entstanden die Alpen, die sich bis auf die Höhe von 4807 m erheben. Als die Alpen sich formten, gerieten auch Kalkgesteinsschichten in Bewegung: Aus ihnen entstand durch erneute Faltenbildung das Jura-Gebirge.
Rein rechnerisch müsste dieses Gesteinsmassiv mindestens 20 km Höhe haben. Das ist aber nicht der Fall: Vulkanausbrüche, Stürme, Regen und Eis haben das Gebirge Tag für Tag verändert.

Bei diesem Teil des Juragebirges sieht man besonders gut, wie das Kalkgestein in Falten aufgeworfen und zusammengedrückt wurde.

Schluchten

Der Colorado hat sich in vielen Jahren ein eindrucksvolles Flussbett geschaffen - den Grand Canyon!

Auf ihrem Weg zum Meer graben sich Ströme und Flüsse durch Gebirgslandschaften. Dabei wirkt das Wasser in vielerlei Weise auf das Gestein ein: Sand und Steine, die der Fluss mit sich bringt, werden abgelagert. Gleichzeitig wäscht das Wasser die Felsen aus, lässt Risse entstehen und sprengt Stücke ab. So bilden sich nach und nach Felsspalten und sogar Schluchten.

Grand Canyon

Der Grand Canyon ist in den USA zu finden. Er ist eine der eindrucksvollsten Flussschluchten der Welt! Der Fluss Colorado hat hier im Laufe von 340 Millionen Jahren sein Bett in das Gestein gegraben. Der Grand Canyon ist 445 km lang und weist an manchen Stellen eine Breite von 30 m auf. Teilweise ist er bis zu 1600 m tief!

Lange, lange Ströme

Der Nil

Dieser afrikanische Strom (Bild links) ist 6671 km lang und bedeckt insgesamt eine Fläche von 2 870 000 km^2. Er entspringt in Burundi. Auf seinem langen Weg zum Mittelmeer durchquert er die Sahara und wird in Ägypten durch keine Zuflüsse gespeist. Deshalb verdunstet viel Wasser auf seiner Reise. Dennoch spielt der Nil für die Landwirtschaft eine wichtige Rolle: Bauern leiten ihn um und bewässern so ihre Felder. Die Wasser des Nils bringen fruchtbare Anschwemmungen mit sich.

Der Amazonas

Der Amazonas ist mit 7025 km der längste Strom Südamerikas. Seine Fließgeschwindigkeit ist sehr hoch. Sie liegt bei 150 000 m^3 pro Sekunde.
Bei Hochwasser stürzen an der Mündung sogar 280 000 m^3 pro Sekunde in den Atlantik ...
Der Amazonas entspringt 5000 m hoch in den Anden. Über 15 000 Flüsse und Bäche strömen in den Amazonas. Unter ihnen ist der Madeira mit 3380 km der längste.
Entlang des Amazonas wächst ein üppiger, tierreicher Regenwald. Hier haben viele Indianerstämme ihre Heimat.

Das Amazonasbecken umfasst insgesamt eine Fläche von 7 Millionen km^2 !

Wasserfälle

Die Niagarafälle
Der Niagara River fließt zwischen den USA und Kanada.
Er verbindet den Erie- und den Ontariosee miteinander. An der kanadischen Grenze stürzen sich seine Wassermassen in die beiden Seen: Das sind die berühmten Niagarafälle! Sie haben eine Höhe von 50 m und erstrecken sich über eine Breite von 908 m. Die Kraft der stürzenden Wassermassen wird für Kraftwerke in den USA und in Kanada genutzt.

Rio Iguaçu
Einer der schönsten Wasserfälle ist an der Grenze zwischen Brasilien und Argentinien zu bestaunen. Hier stürzt der Rio Iguaçu auf einer Länge von 2500 m in vielen Wasserfällen mit lautem Brausen 72 Meter in die Tiefe.
Oft sind dort unzählige Regenbogen zugleich zu sehen. Der Rio Iguaçu ist ein Nebenfluss des Paraná und 1320 km lang. Dort, wo die Wasserfälle zu sehen sind, befindet sich ein bekannter, sehr schöner Nationalpark. Es gibt fast überall Wasserfälle. Natürlich sind nicht alle so beeindruckend wie diese Beispiele in Amerika. Auch der Rhein hat einen Wasserfall: Bei der Stadt Schaffhausen ist der bekannte Rheinfall zu sehen.

Salto Angel

Der Süden Venezuelas birgt eine einzigartige Landschaft: Im Bergland von Guayana sind auf einer Strecke von mehreren Kilometern viele gewaltige, tosende Wasserfälle zu sehen!

Einer dieser Wasserfälle ist der Salto Angel.
Mit seiner Breite von 150 m wirkt er wie ein senkrechter Fluss!
Die unvorstellbaren Wassermassen stürzen aus 980 m mit lautem Tosen in die Tiefe.
Er ist dreimal so hoch wie die Niagarafälle!

Woher die Wassermassen kommen

Dieser Wasserfall wird von einem unterirdischen Fluss gespeist, der aus der Felswand einer Hochebene stürzt.
Die Hochebene an sich ist ein trockenes Gebiet.
Aber der Wind treibt feuchtheiße Luft über diese Ebene.
Diese Luft kondensiert, d. h. sie verflüssigt sich, und sickert in das Gestein ein.
So erhält der unterirdische Fluss das Wasser, das später den Wasserfall bildet.

Flusslauf

Flüsse waren schon immer Ansiedlungsorte für die Menschen. Hier hatten sie Wasser, eine Verbindung zum Meer und zu anderen Siedlungen. So konnten sie Handel treiben.

Mäander

Ein Fluss fließt nie ganz gerade. Er schlängelt sich in vielen Kurven durch die Landschaft.
Diese Flussschlingen nennt man Mäander.
Sie entstanden, wenn der Fluss ein Hindernis umgehen musste.
Die Mäander lassen besonders schöne Landschaften entstehen.
Jeder Fluss hat jedoch auch die Eigenschaft Erdreich abzutragen.
So werden einzelne Flussschlingen immer enger, bis sie schließlich ganz verschwinden.
Auf diese Weise können gekrümmte Seen entstehen, die eigentlich tote Flussarme sind.
Auf der langen Reise von der Quelle zur Mündung formt ein Fluss die Landschaft.
Manchmal fließen zwei Flüsse in einer trichterförmigen Mündung zusammen und bedecken ein großes Gebiet.
Ein Beispiel dafür ist die Landschaft Gironde in Frankreich: Auf 72 km Länge vereinigen sich die Flüsse Garonne und Dordogne.
Die größte Trichtermündung der Welt ist die des Obs in Nordrussland: Sie ist 885 km lang und stellenweise bis zu 80 km breit.

Der Fluss lagert Sand und Steine ab. So wird die Windung der Flussschleife immer enger.

Wo der Fluss zu Ende ist ...

Delta des Okawango

Ein Delta

Ein Delta ist ein fächerförmiges Mündungsgebiet: Hier ist die Küste sehr flach und der Fluss strömt in zahlreichen kleinen Flussarmen ins Meer. Dabei mischt sich das Süßwasser des Flusses mit dem salzigen Meerwasser. Zahlreiche Tiere finden in diesem Gebiet Nahrung und Lebensraum.

Okawango

Dieser afrikanische Fluss hat eine Besonderheit:
Er mündet nicht wie andere Flüsse ins Meer oder in einen Strom, sondern er versiegt in einem großen Mündungsgebiet in Botswana.
Er endet in Seen und Flüsschen.
Hier verdunstet sein Wasser. Man hat festgestellt, dass täglich 30 Millionen km^3 Wasser sozusagen zum Himmel steigen!
Das Okawango-Delta ist 10 000 km^2 groß und Lebensraum zahlreicher Tierarten.
Tiere und Pflanzen finden in einem Delta ausreichend Wasser und damit genug Nahrung. Deshalb ist die Artenvielfalt hier sehr groß.

Das ***Rhône-Delta*** *in Südfrankreich ist von unzähligen Wasserläufen durchzogen. Dieses Sumpfgebiet ist unter dem Namen* ***Camargue*** *bekannt.*
Viele Tiere sind hier zu finden. Sogar auf Wildpferde kann man hier noch treffen.

Kunstvolle Küsten

an und formen sie.
Die höchste Steilküste findet sich auf der Insel Molokai, die zu Hawaii gehört: Sie erhebt sich 1010 m über das Meer!

Along

In Vietnam erheben sich in der Bucht von Along steile Felsen aus dem tiefen Wasser und bilden eine zauberhafte Landschaft: Auf 1500 km² finden sich 3000 Inseln und Küstenstriche, die im smaragdfarbenen Wasser liegen.
An vielen Stellen sind geheimnisvolle Grotten zu entdecken!

Die Bucht von Along gilt in Vietnam als das „achte Weltwunder".

Die Küste ist der Grenzsaum zwischen Land und Meer. Ständig ist sie von Wind und Wasser umgeben. So verändert sich ihr Aussehen.

Die Steilküste

Dort, wo Kreide-, Lava- oder Kalkschichten sich zu senkrechten Felswänden hoch auftürmen, spricht man von einer Steilküste. Sie kann weit mehr als 10 m hoch sein. Wind und Wasser greifen die Steilküste ständig

Die Steilküste von Etretat in Frankreich ist wegen ihres Bogens und des 70 m hohen Felsens bekannt.

Quelle des Lebens

Vor 4,2 Milliarden Jahren gab es noch kein Wasser auf der Erde. Vulkane spuckten unaufhörlich Rauch und Lavamassen aus.

Der Rauch bildete um die Erde herum eine Gasschicht, die Atmosphäre, die mit Wasserdampf angereichert war. Dieser Dampf fiel als Regen auf die Erde.
Das Wasser rann die Berghänge hinab, füllte die Senken und Täler, bis die ersten Flüsse, Seen und Meere entstanden waren.

Wiege des Lebens

Über 95 % der gesamten Wassermenge der Erde befindet sich in den Meeren.
Sie sind Anfangs- und Endpunkt des Wasserkreislaufs.
Das Meerwasser verdunstet und Wolken bilden sich, die über das Land ziehen. Hier fällt dann der Regen. Ein Teil des Regenwassers verdunstet, ein Teil gelangt in die Flüsse, die wiederum ins Meer münden.
Ein Regentropfen braucht ungefähr 6 Wochen, bis er wieder das Meer erreicht.
Die Meere liefern im Jahr 425 000 Milliarden km^3 Süßwasser in Form von Regen.
Ohne diesen Wasserkreislauf gäbe es kein Leben auf der Erde!
Darüber hinaus bilden Meere und Gewässer Nahrungsreserven für den Menschen.

Unterirdische Welt

Höhlen und Grotten

Wasser sickert durch poröses Gestein, durch Ritzen und Spalten und sammelt sich zu unterirdischen Flüssen, die in der Tiefe Höhlen graben.
Oft verbergen unscheinbare, trockene Hochebenen eine wunderbare Höhlenwelt.
Das Wasser hat im Laufe vieler tausend Jahre unterirdische Flussbetten und Gänge ausgespült.
Das sickernde Regenwasser greift den Kalkstein an.
So formt es eine seltsame unterirdische Welt.

Tropfsteine

Beim Einsickern wäscht das Wasser Kalkspat und Mineralien aus dem Kalkgestein aus.
Aus diesen Stoffen entstehen im Laufe von Jahrmillionen Tropfsteine: Es gibt Kalksteingebilde, die von der Decke hängen (Stalaktiten, 1) und Kalksteingebilde, die vom Boden aufragen (Stalagmiten, 2).
Tropfsteine wachsen sehr langsam.
Es kann Jahrhunderte dauern, bis sich zwei von ihnen treffen und eine Tropfsteinsäule bilden.

Der längste Stalaktit wurde mit 59 m in Spanien gemessen.
Den höchsten Stalagmiten von 32 m entdeckte man in Frankreich.

Ein See und seine Rekorde

Von November bis Mai ist der Baikalsee zugefroren. Unter der Eisdecke leben Seehunde, die unzählige kleine Luftlöcher ins Eis graben um atmen zu können. Im Frühjahr kommen sie mit ihren Jungen an Land.

Der Baikalsee im Süden Sibiriens ist der älteste See der Welt.

In einem Märchen wird erzählt, dass Gott vor langer Zeit Sibirien erschaffen hat. Mitten hinein legte er eine funkelnde Perle, die so schön schimmerte, dass Gott sie inmitten des dunkelgrünen Waldes zum Baikalsee werden ließ ...
Die Wissenschaftler haben errechnet, dass dieser See vor ungefähr 25 Millionen Jahren entstanden ist.
6 Monate im Jahr ist der Baikalsee zugefroren.

Die Eisdecke wird bis zu 1 m dick: Man kann auf dem See laufen und mit dem Auto fahren!

Der größte See der Welt
Mit einer Länge von 636 km ist der Baikalsee außerdem der größte See auf der Erde! Er bedeckt eine Fläche von 31 500 km^2!
Von den riesigen Eismassen an Nord- und Südpol abgesehen, ist der Baikalsee die größte Süßwasserreserve der Welt: Er enthält 23 000 km^3 Wasser!
Das entspricht einem Fünftel der gesamten Süßwassermenge auf der Erde!
Heute münden 544 Ströme und Flüsse in den Baikalsee.

Der tiefste See der Welt
Der Baikalsee ist zugleich auch der tiefste See: In der Mitte erreicht er eine Tiefe von 1637 m. Über 2500 Tier- und Pflanzenarten leben in diesem riesigen See: Süßwasserschwämme werden innerhalb von 100 Jahren 1 m groß.
Es gibt hier viele sehr alte Pflanzenarten zu entdecken! Unzählige kleine Krebstiere filtern das Wasser und halten den See sauber.
Sie sind Nahrungsgrundlage vieler Fische.
Weit in der Tiefe des Sees gibt es sehr seltene Fische, die explodieren, wenn sie zu nahe an die Oberfläche kommen.
Das größte Tier im Baikalsee ist eine Seehundart, die im Süßwasser lebt.
All diese seltenen Lebewesen werden aber durch die Verschmutzung des Sees zunehmend in ihrem Lebensraum bedroht!

Sterbende Seen

Das Tote Meer

Das Tote Meer ist ein großer Salzsee, der zwischen Jordanien und Israel liegt. Das Tote Meer ist 76 km lang und 17 km breit.
Es ist 10-mal salziger als das Mittelmeer und daher dickflüssig. Ohne Kraftanstrengung kann man sich auf den Fluten dieses ungewöhnlichen Meeres treiben lassen! Außer wenigen Algenarten können hier keine Lebewesen existieren!
Da es keine Verbindung zu anderen Gewässern gibt, verdunstet sein Wasser allmählich, ohne dass neues Wasser dazukommt. Zurück bleiben seltsam geformte Salzgebilde, die schichtweise entstehen (Bild oben).

Aralsee

Auch der Aralsee ist ein salzhaltiges Gewässer.
Einst war er der viertgrößte See der Welt, aber Jahr um Jahr sinkt sein Wasserspiegel.
Schuld ist der Mensch:
Die Flüsse, die dem Aralsee Wasser zuführen, werden zur Bewässerung der Felder umgeleitet.
In 25 Jahren ist der Pegel schon um 14 m gefallen!
Heute ist der See so salzig, dass kaum noch Fische dort leben können.
Teile des Sees sind schon zu Salzwüsten geworden. Wenn keine Gegenmaßnahmen ergriffen werden, wird aus dem Aralsee ein kleiner, verschmutzter Tümpel werden!

Kontinente in Bewegung

Das Mittelmeer hat eine ungewisse Zukunft

Vor sehr langer Zeit gab es auf der Erde einen einzigen riesig großen Kontinent, den man Pangäa nennt.
Dieser Urkontinent brach in verschiedene Platten auseinander, die sich im Laufe von Millionen Jahren bewegten und veränderten, bis sich schließlich die heutigen Kontinente bildeten.
Aber auch heute noch bewegen sich die Kontinentalplatten sehr langsam weiter. Der Kontinent Afrika setzt seinen Weg in Richtung Norden fort. Unaufhaltsam kommt er Europa näher. Was dabei mit dem Mittelmeer geschehen wird, kann man noch nicht voraussagen.

Gebirge unter Wasser

Tief im Innern der Erde fließt ein Magmastrom, der an manchen Stellen nach oben steigt. Dabei strömt Lava aus, die an der Luft hart wird. Schicht um Schicht bildet so die Lava unterseeische Gebirge, die man ozeanische Rücken nennt. Diese Gebirge durchziehen den Meeresboden. Sie entstehen vor allem dort, wo die Kontinentalplatten in Bewegung sind und auseinander driften: Dabei bricht die Kruste auf und Magma kann aufsteigen.

Der Ostafrikanische Graben ist bedeckt von Seen und Vulkanen.

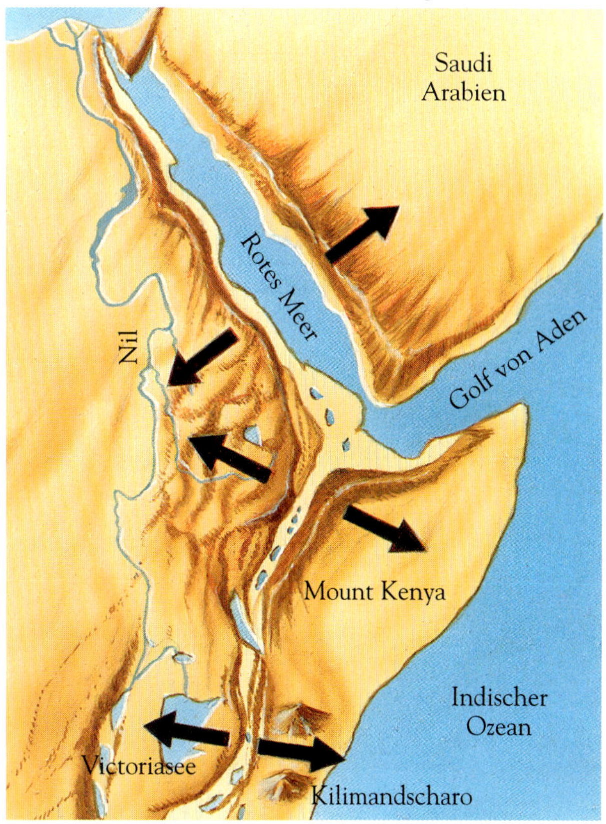

In der Tiefe des Ozeans

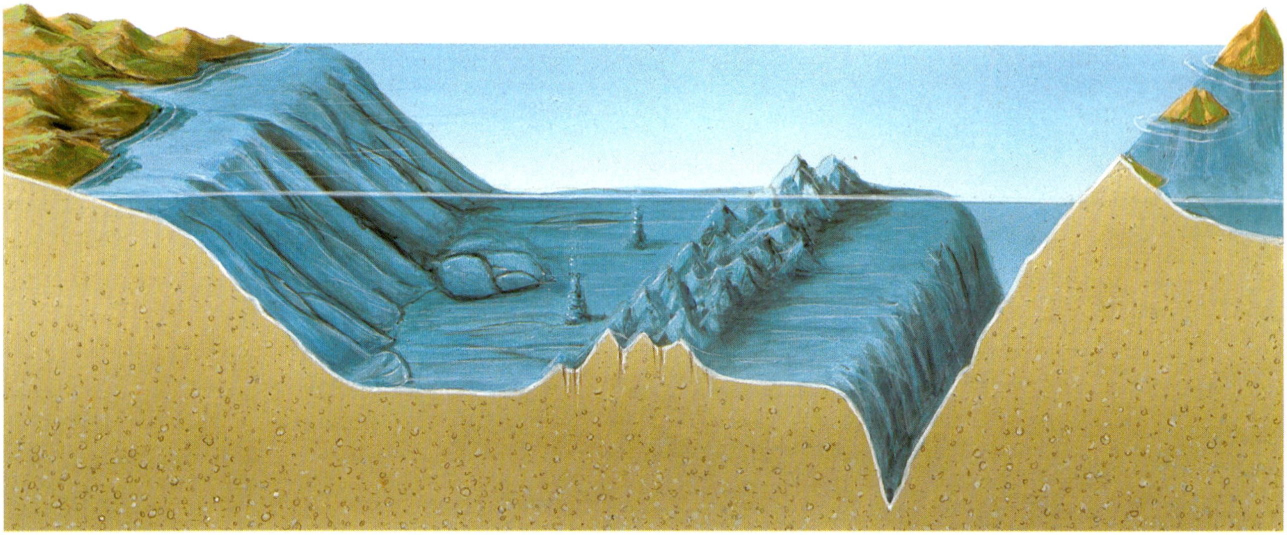

Der Meeresboden ist mit Bergen und Gräben durchzogen.
Die Gräben sind bis zu 11 000 m tief!
Hier gibt es kein Licht und kaum noch Nahrung.

Bewohner der Tiefe

Trotz der unwirtlichen Bedingungen sind auch die Tiefen der Ozeane bevölkert. Man findet z. B. Riesenkalmare, die über 20 m lang und 40 t schwer werden!
Oder Laternenangler, die mit Leuchtorganen Beute anlocken, Seegurken und verschiedene Arten von Würmern. Außerdem leben hier Muscheln, deren Aussehen sich seit Millionen von Jahren nicht verändert hat. Sie sind lebende Fossilien.

Oasen in der Tiefe

Die unterseeischen Gebirge entstanden aus Magma, dem geschmolzenen Gestein aus dem Erdinnern. Die Gebirgshänge sind von Spalten durchzogen. Hier erwärmt sich das Wasser bis zu 400 °C!
Das heiße Wasser wird in über 2000 m Tiefe aus dem Innern der Erde emporgestoßen. Es enthält Schwefel, der von den Bakterien zu Stoffen umgewandelt wird, die den Tiefenbewohnern nützlich sind.
Die Bakterien übernehmen hier unten die Aufgaben der Pflanzen!

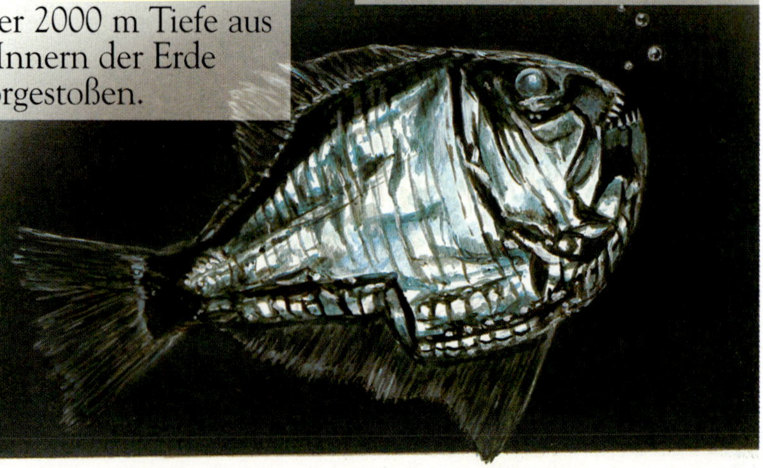

Die Bewohner der Tiefe haben meist Leuchtorgane wie dieser Tiefsee-Beilfisch.

Welt der Korallen

Unter günstigen Bedingungen kann ein Korallenriff um 24 cm im Jahr wachsen.
Viele Tiere leben im Korallenriff: Schwämme, Quallen, Seesterne, Krebse, Würmer, prächtig gefärbte Fische, Muränen ... und Haie!
In einem 1 ha großen Teil des Riffs können leicht 2000 kg Fische gefangen werden!
Viele Taucher sind von der bunten unterseeischen Welt der Korallenriffe begeistert. Hier finden sie unzählige farbenprächtige Fischarten und Wasserpflanzen.

Korallentiere
Korallen sind Polypenstöcke. Sie setzen sich aus vielen einzelnen Hohltieren zusammen, von denen jedes eine Mundöffnung hat, die von kleinen Fangarmen umgeben ist. Der Polyp greift kleine Tiere und zieht die Beute in sein Inneres. Alles Unverdauliche spuckt er wieder aus.
Polypen scheiden Kalk aus, der ihr Wohngehäuse bildet: Das sind dann die Korallenriffe, eine Art äußeres Skelett.
Korallentiere sind in allen Meeren zu finden, aber nur in den warmen Meeren bilden sie so große Kolonien und damit Korallenriffe.

Korallenriffe
Im Laufe vieler Millionen Jahre haben Korallen in den warmen Meeren richtige Mauern gebildet.
Vor der Küste Australiens liegt das größte Korallenriff der Erde: das Große Barriere-Riff mit einer Länge von 2000 km!

Die schöne Hornkoralle hat unter den vielen Tauchern zu leiden.

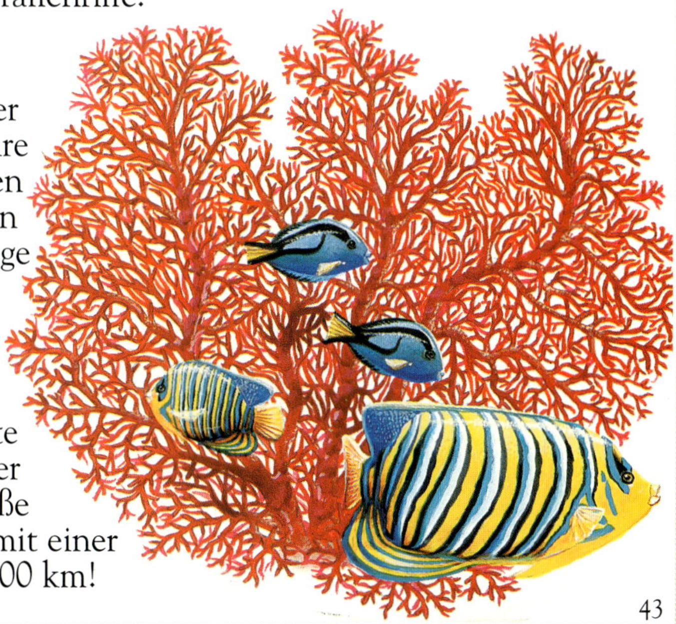

Meeresströmungen

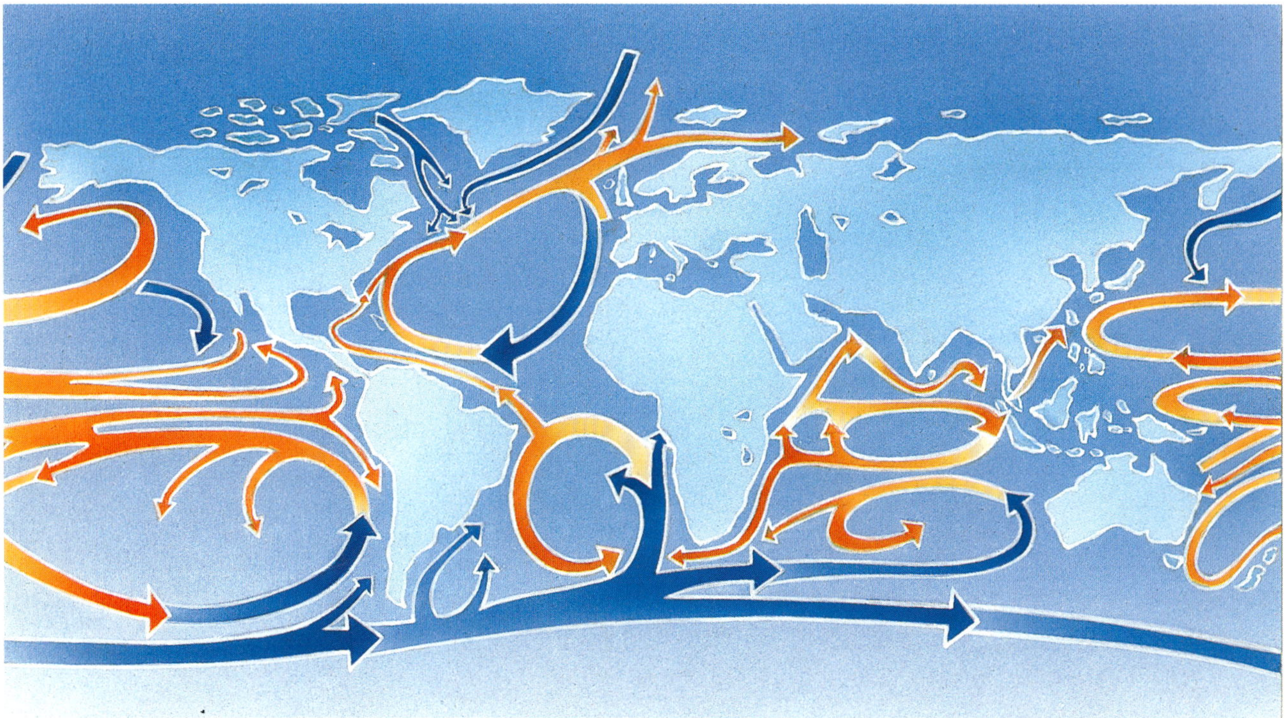

Gewaltige Ströme bewegen sich durch die Meere. Sie entstehen aus dem Zusammenwirken verschiedener Umstände: Der Wind an der Meeresoberfläche spielt genauso eine Rolle wie der Temperaturunterschied zwischen den höheren und tieferen Wasserschichten sowie das Aufeinandertreffen verschiedener Salzgehalte im Wasser.

An den Polen beträgt die Wassertemperatur –2 °C, in den Tropen 29 °C.
Das warme Wasser ist leichter und damit weiter oben.
An den Polen kühlt das warme Wasser ab und sinkt nach unten: Eine kalte Strömung bildet sich, die zurück in warme Gebiete fließt.
Meeresströme sind wie Flüsse innerhalb des Meeres.
Am Tag können sie ein Floß 200 km weit vorantreiben!

Die Kraft der Ströme
Durch die Meeresströmungen werden ganze Gebiete erwärmt oder abgekühlt.
Der Weg dieser Strömungen ist nicht geradlinig, denn die Erddrehung lenkt ihn ab.
Auf der Nordhalbkugel beschreiben die Ströme eine Rechtskurve, auf der Südseite biegen sie nach links. Der Strom um die Antarktis ist der mächtigste: In der Sekunde fließen 180 Millionen km^3 Wasser ab!
Im Westen Südamerikas werden alle 5 bis 10 Jahre die Flüsse durch den El-Niño-Meeresstrom erwärmt.

Ströme und Klima

Benguelastrom

Der Benguelastrom führt aus der Antarktis eiskaltes Wasser mit sich nach Afrika. An der Küste Namibias kühlt sich durch ihn die heiße Luft ab.
Die erkaltete Luft mischt sich mit der heißen Wüstenluft.
In der Nacht bildet sich dichter Nebel, der sich am Tag auflöst.
In diesem regenarmen Gebiet (Wüste und Nebel, siehe S. 62) ist es die Feuchtigkeit des Nebels, die Leben auch im Landesinnern ermöglicht.

Das warme Klima im Norden Frankreichs ist eine Folge des Golfstroms.

Golfstrom

Der Golfstrom entsteht östlich der USA durch das Zusammentreffen des Florida- und des Antillenstroms.
Er nimmt warmes, subtropisches Wasser auf und befördert es nach Osten.
Mit ihm gelangen auch warme Wassermassen bis nach Europa.
Der Golfstrom bewirkt, dass an der Küste Nordfrankreichs und Südenglands Palmen wachsen!

Fischfanggebiete

Die Meeresströmungen haben auch einen starken Einfluss auf den Fischbestand. Das Wasser der Strömungen ist sehr reich an Nahrung.
So finden hier viele Fische ausreichend Beute.
Deshalb bestimmen die Meeresströmungen maßgeblich die Fischfanggebiete.

In der Wüste Namib sind Giraffen und Seehunde „Nachbarn".

Wellen des Meeres

Wellenreiter versuchen sich möglichst lange mit ihrem Brett auf den Wellenkämmen zu halten.

Wellen entstehen weit draußen auf dem Meer. Sie lassen den Meeresspiegel stetig schwanken.

Der Wind lässt die Wellen auf der Wasseroberfläche entstehen.
Je nach Windstärke und -dauer sind die Wellen unterschiedlich hoch und folgen schnell oder langsam aufeinander.
Ein Beispiel: Ein Wind, der mit 130 km/h auf einer Strecke von 1000 km bläst, führt zu Wellen von 15 m Höhe, die sich mit 80 km/h fortbewegen.
Während eines Orkans wurde im Jahr 1933 eine Welle von 34 m Höhe gemessen!

Gezeiten

Auf der Meeresoberfläche kann man eine riesige Welle beobachten, die sich mit Sonne und Mond bewegt. Durch sie steigt der Wasserspiegel an den Küsten zweimal täglich. Man spricht von den Gezeiten, von Ebbe und Flut.
Der Wasserstand kann sich um bis zu 13 m verändern.

Hafen bei Ebbe

Ein Meer aus Eis

An den Polen treffen die Sonnenstrahlen immer ganz schräg auf und verteilen sich auf eine große Fläche.
Deshalb hat hier die Sonne kaum Wärmekräfte.
In der Arktis kann die Lufttemperatur –70 °C, in der Antarktis –90 °C betragen.

Das Packeis

Am Ende des Sommers fallen die Temperaturen. Kleine Eiskristalle bilden sich und treiben auf der Wasseroberfläche.
Bald ist das Meer mit einer eisigen Schicht bedeckt. Schnee fällt und macht diese Schicht noch dichter. Nach und nach entstehen so Platten aus Eis und Schnee, die aneinander stoßen, zusammenkleben oder sich übereinander schieben.
Auf diese Weise bildet sich das Packeis. Die Eisschollen werden vom Wind und von Meeresströmungen vorangetrieben. Durch die Bewegung bricht das Packeis immer wieder auf.

Treibende Berge

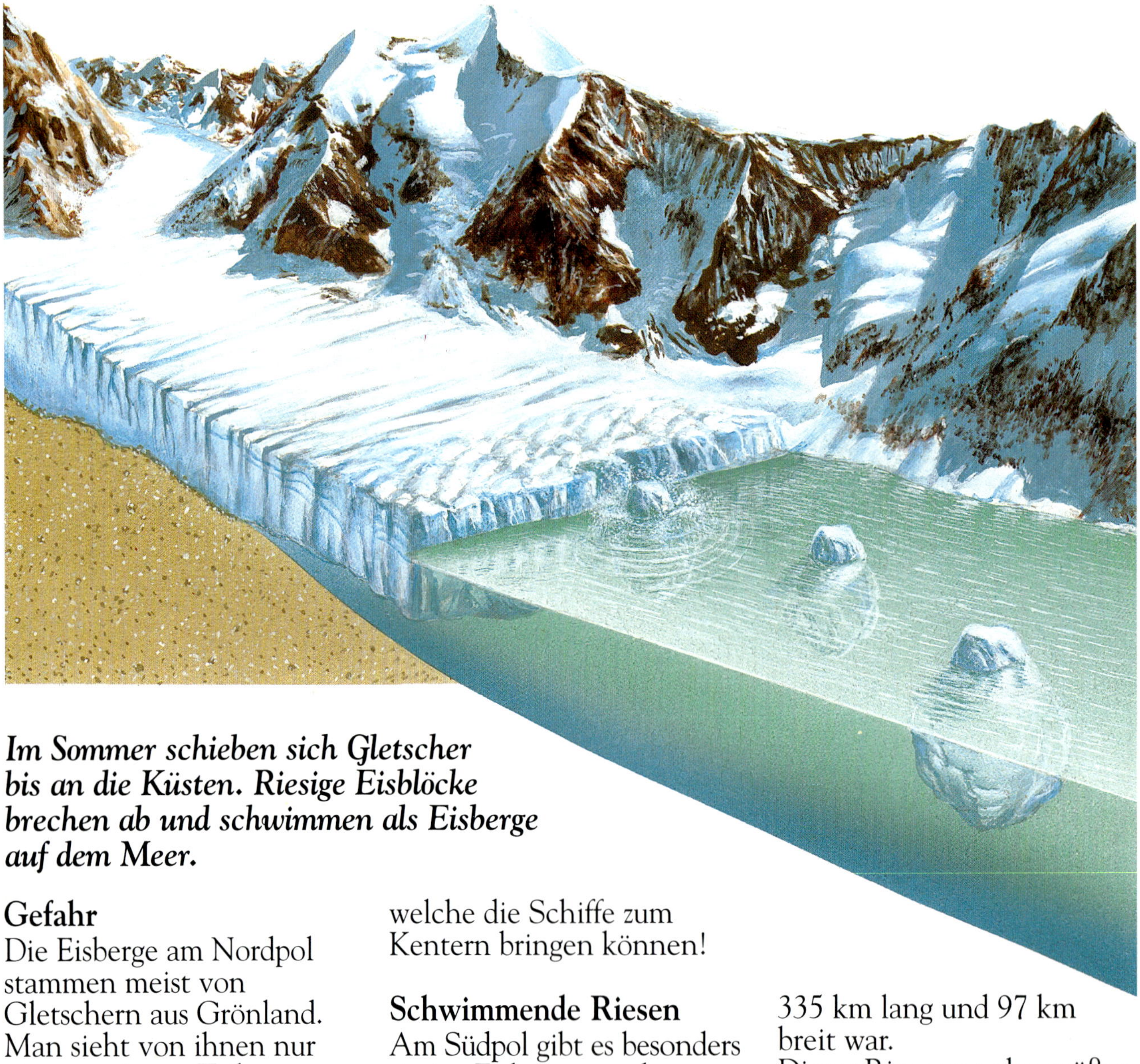

Im Sommer schieben sich Gletscher bis an die Küsten. Riesige Eisblöcke brechen ab und schwimmen als Eisberge auf dem Meer.

Gefahr

Die Eisberge am Nordpol stammen meist von Gletschern aus Grönland. Man sieht von ihnen nur einen geringen Teil, 3/4 sind im Wasser verborgen.
Schiffen droht durch Eisberge Gefahr. Denn kippende Eisblöcke lösen gewaltige Wellen aus, welche die Schiffe zum Kentern bringen können!

Schwimmende Riesen

Am Südpol gibt es besonders riesige Eisberge zu sehen. Eisige Bergwände von 100 m Höhe sind keine Seltenheit!
Im Jahr 1956 hat man im Süden des Pazifik einen Eisberg entdeckt, der 335 km lang und 97 km breit war.
Dieser Riese war also größer als ganz Belgien!

Kalben

Wenn die Eisblöcke abbrechen, sagt man, dass der Gletscher kalbt.

Ströme aus Eis

Ein Fluss aus Eis

Durch Druck bewegt sich die Eismasse langsam vorwärts: Im Jahr legen Gletscher 50 bis 800 m zurück. Im Sommer ist ihre Fließgeschwindigkeit höher. In Alaska schieben sich die Gletscher manchmal sehr schnell vorwärts.
So hat ein Gletscher im Jahr 1910 24 km zurückgelegt!
Beim Bewegen formt das Eis die Landschaft: Tiefe Einschnitte entstehen, Gestein wird abgeschliffen. Gletscher transportieren große Steine, die am Gletscherrand liegen bleiben. Man nennt sie Moränen.

***Gletscher entstehen dort, wo sehr viel Schnee fällt und die Temperaturen dauernd niedrig sind. Nach und nach bildet sich aus dem Schnee Eis. Große Gletscher formen die Eiskappen an den Polen.
In der Antarktis bedecken sie eine Fläche von 12 Millionen km²!
Gletscher gibt es auch in Europa: z. B. in Österreich, in Norditalien, in Skandinavien.***

In den skandinavischen Ländern haben die Gletscher tiefe Einschnitte an der Küste hinterlassen: die Fjorde.

Feuer speiende Berge

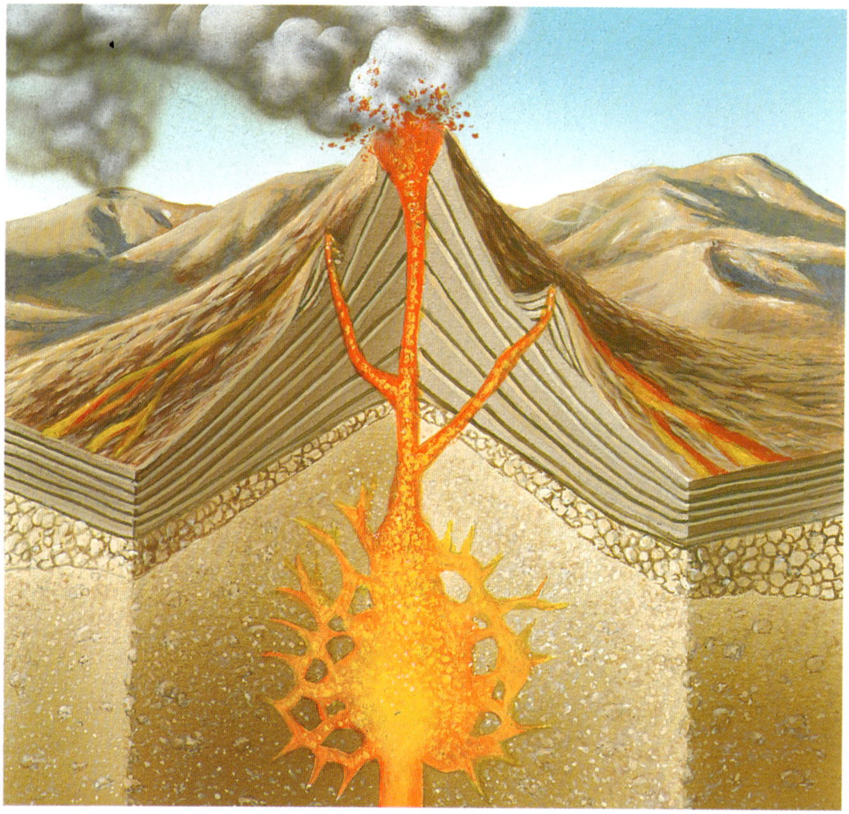

Manche Berge formten sich durch den Zusammenprall der Kontinentalplatten. Andere aber entstanden aus Asche und Lava, die von Vulkanen ausgespuckt wurden.

Lava ist geschmolzenes Gestein, das an der Erdoberfläche erstarrt. Im Vulkan herrschen Temperaturen von 1400 °C! Viele Vulkane sind erloschen. Man zählt heute 500 aktive Vulkane auf der Erde. Am Meeresboden aber gibt es weitaus mehr Vulkane!

Stromboli
Der Stromboli gehört zu den Liparischen Inseln in Italien. Aus seinem Krater fließt regelmäßig ein schwacher Lavastrom. Nur selten gibt es starke Ausbrüche.

Vesuv
Dieser italienische Vulkan hatte seinen bekanntesten Ausbruch im Jahre 79: Die Stadt Pompeji wurde völlig von Lava bedeckt, 2000 Menschen starben. Im Laufe der Zeit bauten die Einwohner 11-mal ihr Dorf am Fuße des Vulkans wieder auf!

Taupo
Im Jahr 130 fand in Neuseeland der heftigste Ausbruch des Vulkans Taupo statt: 30 Milliarden Tonnen Lava wurden mit 700 km/h ausgespuckt!

Krakatau
Beim Ausbruch dieses indonesischen Vulkans wurden im Jahr 1883 36 380 Menschen getötet und 163 Dörfer zerstört.

Tambora
Dieser Vulkan auf der Insel Sumbawa in Java brach im April 1815 aus: 180 km^3 Lava und Asche wurden herausgeschleudert, 92 000 Menschen starben. Staub drang in die höhere Atmosphäre ein und beeinträchtigte die Witterung.
Der gewaltige Ausbruch bewirkte, dass die Spitze des Tambora weggesprengt wurde! Nach dem Ausbruch war der Vulkan um rund 1000 m niedriger!

Ruhiger Lavafluss

Über 20 Vulkaninseln im Pazifischen Ozean bilden die Hawaii-Inseln.

Die Vulkane auf Hawaii sind Schildvulkane, deren Krater kochende Lavaseen enthalten.
Bei diesem Vulkantyp findet kein explosionsartiger Ausbruch statt, vielmehr strömt die dünne Lava ruhig aus und fließt die flachen Hänge hinab.

Tiefe, unterseeische Vulkane ließen so schrittweise die Inseln entstehen: Ständig schichtete sich neue Lava auf die bereits erkaltete. So bildeten sich nach und nach Erhebungen, die so hoch wurden, dass sie schließlich die Meeresoberfläche erreichten.

Riesige Lavamengen
Aus den Vulkanen strömen gewaltige Lavamassen.

Man hat errechnet, dass die Hawaii-Inseln bis heute aus rund 100 000 km^3 Lava bestehen.
Es bedurfte vieler Ausbrüche, bis diese Menge erreicht war!

Lavaströme

Ein Tal wurde völlig von der Lava bedeckt. Noch Monate nach dem Ausbruch floss Lava aus dem Krater und bildete einen Berg, der so hoch wie ein 80-stöckiges Haus war!

Ätna (Bild unten)
Dieser Vulkan auf Sizilien ist der aktivste Vulkan Europas. Er ist 3390 m hoch. Aus seinem Krater wird ununterbrochen Lava herausgeschleudert. Häufig ist die Stadt am Fuße des Ätnas von einer Staubschicht bedeckt. Der Ätna ist auch der höchste Vulkan in Europa.

Mount Saint Helens
Dieser Vulkan in Nordamerika war seit 1857 völlig ruhig, bis er 1980 höchst gewaltsam ausbrach. Die Explosion war so stark, dass der Nordhang des Berges völlig zerstört wurde. Man hörte den Ausbruch noch 320 km entfernt in Kanada! Eine riesige Wolke aus Asche stieg auf und verdunkelte den Himmel. Schließlich brach der Vulkan unter seinem eigenen Gewicht zusammen.

Asche, Lava und Gas strömten die Hänge hinab und zerstörten alles, was auf ihrem Weg lag.

Schwindelnde Höhen

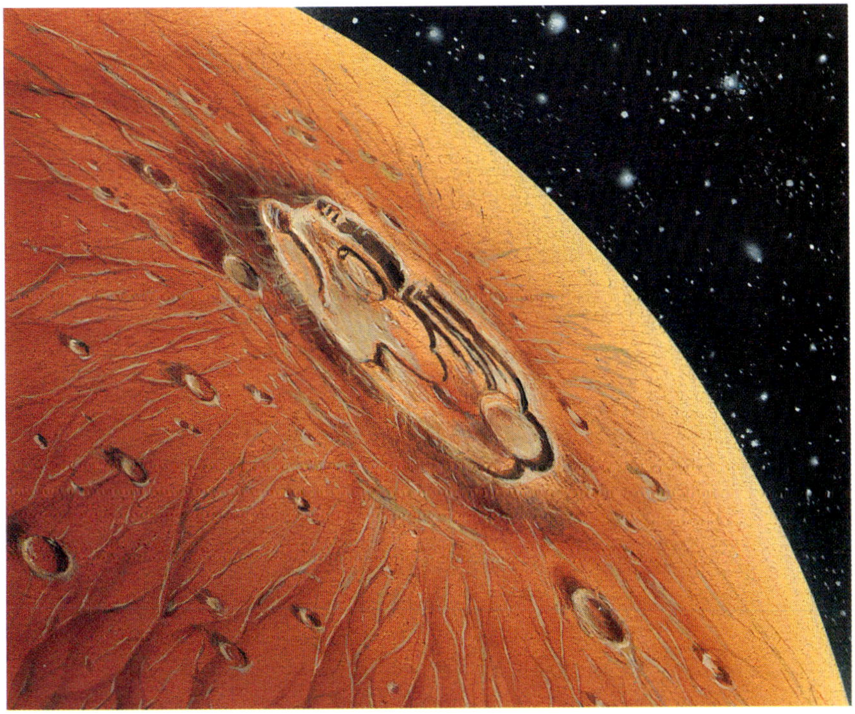

Seit 1984 brach der Mauna Kea nicht mehr aus. Anders der Ojos del Salado zwischen Chile und Argentinien. Ständig steigt Rauch aus diesem 6887 m hohen Vulkan. Der 6960 m hohe Cerro Aconcagua in den argentinischen Anden ist erloschen. Aber auch ohne Rauchwolken ist dieser Vulkan noch immer beeindruckend.

Blick vom Mons Olympus auf den Mars.

Im Weltall

Auf dem Mars wurde der höchste Vulkan des Sonnensystems beobachtet. Seit 1971 kennen wir seine Daten: Der Mons Olympus ist 25 km hoch und 500 km breit! Wissenschaftler haben errechnet, dass er seit 200 Millionen Jahren nicht mehr aktiv ist. Bei seinem letzten Ausbruch lebten auf der Erde die ersten Dinosaurier!

Auf der Erde

Der höchste Vulkan der Erde ist auf Hawaii: Es ist der erloschene Mauna Kea. Seine unterseeische Höhe liegt bei 5000 m, weitere 4206 m ragen über das Meer hinaus. Insgesamt hat er also eine Höhe von über 9 km! Auf dem Gipfel des Mauna Kea befindet sich die höchst gelegene Sternwarte der Welt. Da aber mehr als die Hälfte im Meer verborgen ist, wirkt der Vulkan nicht so riesig.

Der Mauna Kea ist 9000 m hoch, aber nur 4206 m ragen aus dem Wasser und sind sichtbar.

Vulkane im Eis

Selbst am kältesten Ort der Erde, der Antarktis, gibt es aktive Vulkane.

Der Vulkan auf der Deception-Insel (Bild unten) ist im Laufe dieses Jahrhunderts schon mehrmals ausgebrochen.

Deception-Insel

Der Vulkan dieser Insel ruht, ist aber nicht ganz erloschen. Noch immer steigen heiße Dämpfe auf.
Die eigenartige Kraterform nennt man Caldera:
Der Vulkangipfel wurde bei heftigen Explosionen weggesprengt. Übrig blieb ein riesiger Kessel.
Auf der Deception-Insel ist die Caldera mit Meerwasser gefüllt und bildet einen natürlichen Hafen.
Das Wasser im Kegel erreicht eine Temperatur von 50 °C! Aber schon 20 cm tiefer ist es eisig kalt.
Die Deception-Insel wurde erst 1820 entdeckt.

Im Westen der Antarktis sind eine Reihe Vulkane zu sehen.
Meist lassen nur dünne Rauchfahnen ihre Existenz erahnen. Anders auf der antarktischen Rossinsel: Hier befindet sich der tätige Vulkan Mount Erebus mit 4023 m Höhe.
In seinem Innern brodelt weiß glühende Lava, immer wieder kommt es zu heftigen und spektakulären Ausbrüchen.
Glühende Lava strömt dann auf Gletscher hinab!

Vulkaninsel Surtsey

Immer wieder brechen Vulkane im Meer aus und lassen neue Inseln entstehen.
Am 14. November 1963 kam es bei Island zu einem Vulkanausbruch.
Bald darauf war eine neue Insel im Meer zu sehen, die rasch wuchs: Nach 2 Tagen erreichte sie eine Höhe von 45 m, am 30. Dezember waren es schon 140 m!
Einige Ausbrüche folgten, bis der Vulkan 1967 erlosch.
Heute ist die Vulkaninsel Surtsey 1,5 km lang und 180 m hoch!

Geologen, Botaniker und Vogelkundler hatten sofort großes Interesse an dieser neuen Insel.
Denn hier war durch die Kraft des Feuers inmitten des Ozeans etwas Neues entstanden.
Die Wissenschaftler konnten beobachten, wie das Leben seinen Anfang nahm: Pflanzensamen wurden durch Vögel verteilt oder mit Treibgut ans Land gespült.
Der Wind verteilte den Samen auf der Insel.
Als Erstes wuchsen Pflanzen, die sich an das raue Meeresklima anpassen konnten.

Vogelparadies
Verschiedene Vogelarten bevölkern heute Surtsey. Als Erstes kamen Möwen, danach Polarenten und andere Seevögel. Schließlich ließen sich sogar Raben auf der Insel nieder.

Verschwindende Inseln
Man weiß, dass Surtsey kleiner werden wird, da Landstücke weggespült werden.
Aber vermutlich wird sie nicht wie die indonesische Insel Falcon ganz verschwinden: Diese entstand 1885, verschwand 1890, tauchte 1892 wieder auf und versank 1946 endgültig im Meer.

Tiefe Täler ...

Der nordamerikanische Yellowstone-Park bietet Besuchern ganz besondere landschaftliche Reize: Zahlreiche natürlich entstandene Terrassen, etwa 10 000 heiße Quellen und mehr als 300 Geisire sind hier zu finden. Diese Springquellen sind die größten der Welt!

Artenvielfalt

Der Yellowstone-Park bedeckt eine riesige Fläche. Schwindel erregende Täler gruppieren sich um eine Hochebene, auf der ein gewaltiger See zu sehen ist. Die Felswände, die die Täler umschließen, haben rot-gelbe Färbungen.
In dieser zauberhaften Landschaft leben unzählige Tier- und Pflanzenarten: Douglastannen bis zu 40 m Höhe, Grislibären, Bisons, Hirsche, Elche ...
Diese Landschaft entstand, als die pazifische Landmasse sich unter die amerikanische schob.
Dabei kam es zu heftigen Explosionen.

Im Laufe von Jahrhunderten haben die heißen Wasserquellen die Landschaft geformt. In Hot Springs haben die heißen Quellen wasserfallähnliche Formen im Kalkgestein entstehen lassen: Sinterterrassen.

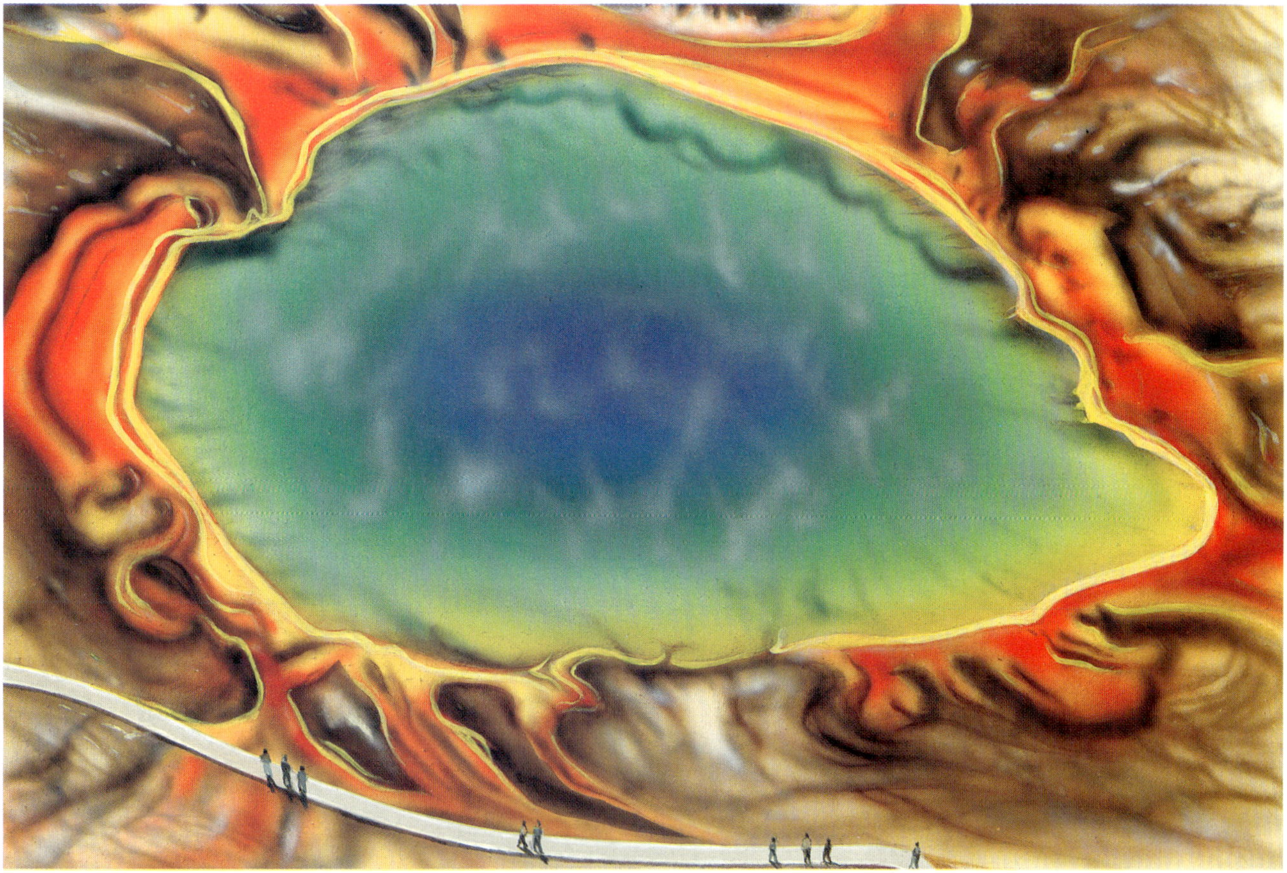

Die letzte fand vor rund 600 000 Jahren statt. Seit 1960 konnte man in dieser Gegend 1500 Beben messen. Ob es bald einen gewaltigen Ausbruch geben wird? Keiner weiß das.

Heiße Seen

Besonders sehenswert sind die heißen Seen (Bild oben). Mikroskopisch kleine Pflanzen geben diesen Seen ungewöhnliche Färbungen. Glühende Gase erwecken den Eindruck, als ob Flammen aus dem Wasser emporzüngelten.

Geisire

Geisire sind heiße Quellen, aus denen regelmäßig eine Fontäne hervorschießt. Es gibt sogar einen Geisir, der so pünktlich wie eine Uhr ist: 22-mal am Tag werden 40 000 Liter kochendes Wasser 40 m in die Höhe geschleudert. Das Schauspiel dauert vier Minuten und kündigt sich mit einem dumpfen Geräusch an. Die Fontäne erhebt sich, Tonnen von Dampf steigen zum Himmel. Allmählich wird der Strahl schwächer. Schließlich versiegt er ganz und zieht sich in sein unterirdisches Reich zurück. Weil er so besonders regelmäßig ist, ist dieser Geisir auf der ganzen Welt bekannt.

Basalt

Basalt ist ein festes, schweres Gestein von schwarzer Farbe, das als Lava ausgespuckt wird und an der Oberfläche erkaltet.

Auf Hawaii ragt der Krater des Mauna Loa mehr als 4000 m über den Boden. 1000 °C heiße Lava strömt aus und fließt mit 10 km/h bis zu 50 km weit.
Dann kühlt die Lava ab und erstarrt zu Basalt.

Im französischen Zentralmassiv sind bis zu 20 m hohe Basaltsäulen bei Espaly zu bestaunen.
Beim Abkühlen hat die Lava senkrechte Röhren gebildet.
Mehrere solcher Röhren stehen parallel zueinander und bilden Säulen.
Island ist ein Paradies für diejenigen, die sich für Vulkane und Vulkangestein interessieren: Auch hier sind zahlreiche Basaltsäulen zu entdecken.

Basalt ist ein sehr nützliches Gestein: Ganz langsam zersetzt es sich und ergibt eine rötliche, äußerst fruchtbare Erde. Basalt ist extrem hart.
Deshalb verwendet man ihn oft beim Bau von Häusern und Straßen.
Mancherorts benutzte man Basalt in so großen Mengen, dass die Säulen fast ganz abgetragen wurden. Schade, denn so verschwanden wunderschöne Gebilde und Formen.

Heißes Wasser

Regenwasser versickert im Boden. Gelangt es in große Tiefe, wird es durch die Wärme des kochenden Magmas auf bis zu 200 °C erhitzt. Es kann dann in Geisiren, heißen Quellen oder als Gas in Fumarolen zur Erdoberfläche zurückkehren.

Fumarole

In der Nähe von aktiven Vulkanen kann man sehr häufig Fumarole sehen. Aus Erdspalten treten sehr heiße Gase und Wasserdampf aus. Es werden Temperaturen von fast 1000 °C erreicht! Bekannt sind die Fumarolen von Solfatara, einem Vulkan bei Neapel. Hier kann man in Höhlen Dampfbäder nehmen.
Schon seit der Römerzeit gelten die Fumarolen bei Rheuma und Atembeschwerden als heilsam.

Heiße Quellen und Geisire

Gelangt heißes Wasser ungehindert an die Erdoberfläche und füllt dort eine Mulde aus, entsteht eine heiße Quelle (Bild links).
Trifft das Wasser bei seinem Weg nach oben auf Hindernisse, steigen Wasserdruck und Temperatur an.
Weiter oben befindet sich dann kühleres Wasser, das wie ein Korken herausgedrückt wird.
Ihm folgen heißes Wasser und Dampf: Das ist ein Geisir (Bild unten).

Die Erde bebt

Starke Erdbeben haben noch viel mehr Zerstörungskraft als Vulkane.

Die Erdkruste bewegt sich auf einer Schicht aus geschmolzenem Gestein, dem Magmastrom.

Wenn dabei die Kruste aufbricht, bebt die Erde. Jedes Jahr misst man im Durchschnitt 500 000 Beben. Aber nur 100 000 davon sind zu spüren und lediglich 1000 Beben führen zu wirklichen Verwüstungen! Es kommt vor, dass ein Gebiet völlig verschoben wird! In China wurde bei einem Beben eine Allee um 1500 m versetzt, ohne dass ein einziger Baum umgefallen ist!

Erdbebengebiete

Besonders Asien wird immer wieder von schweren Erdbeben heimgesucht. Hier treffen zwei große Kontinentalplatten aufeinander, deren Zusammenstoß den Himalaja entstehen ließ.
1976 bebte die Erde in Tangshan und forderte 655 000 Menschenleben. Das schlimmste Erdbeben ereignete sich in Shaanxi: 830 000 Tote waren hier zu beklagen.
Am 17. Januar 1995 starben bei einem Beben in der japanischen Hafenstadt Kobe 5000 Menschen.
Auch die USA werden oft von Beben heimgesucht. Besonders betroffen ist die Gegend des San-Andreas-Grabens in Kalifornien. Immer wieder treten hier Beben verschiedener Stärken auf.
Die Stärke wird mithilfe der so genannten Richter-Skala gemessen.
Sehr starke Beben erreichen Werte von 9 Einheiten.

Lawinen

Rutschen große Schneemassen die Hänge eines Berges hinab, nennt man das Lawine.

Vor allem im Frühling oder bei Temperaturanstieg bilden sich Lawinen. Dabei gelangt ein Wasserfilm zwischen Boden und Schneedecke. Der Schnee verliert seine Haftung und beginnt zu rutschen.

Durch die Hanglage werden die Schneemassen beschleunigt und schlittern immer weiter abwärts. Dabei zerstört die Lawine alles, was auf ihrem Weg liegt. Auch nach starkem Regen steigt die Lawinengefahr: Der Schnee saugt sich mit Wasser voll und wird zu schwer. Bei Neuschnee ist noch kaum Haftung zwischen Boden und Schnee.

Ein Skiläufer, der außerhalb der Piste läuft, genügt um eine Lawine auszulösen. Eine Lawine aus Pulverschnee kann bis 350 km/h erreichen!

Zerstörungskraft

1970 zerstörte eine Lawine die peruanische Stadt Yungay völlig und tötete 30 000 Menschen. Die größten Lawinen gibt es im Himalaja.

Nebel in der Wüste Namib

Im Südwesten Afrikas dehnt sich in Namibia auf 2000 km Länge die Wüste Namib aus. Brütende Wüstenhitze stößt hier an den Rand des Ozeans, dessen Wasser 12 °C kalt ist! Diese niedrige Wassertemperatur entsteht durch eine antarktische Meeresströmung.

Dieses Zusammentreffen lässt einen dichten Nebel entstehen, der hier die einzige Wasserquelle für Pflanzen und Tiere ist! Nur alle 5 bis 20 Jahre fallen einige Tropfen Regen!

Seehund und Löwe

In dieser Landschaft liegen riesige Sanddünen und steinige Ebenen, die von einem tiefen Canyon durchzogen sind, nahe beieinander. Hier gibt es nach Colorado die größte Schlucht der Welt. Auf dem Ozean lassen Nebel und eine starke Strömung viele Schiffe kentern: Unzählige Wracks und Walknochen liegen am Strand. Nicht weit voneinander entfernt leben Zebras, Elefanten, Strauße sowie Pinguine und Seehunde, die mit der starken antarktischen Strömung gekommen sind. Hungrige Löwen können hier Seehunde erbeuten! Ein seltsames Aufeinandertreffen!

Unermesslich große Sahara

In Wüsten fällt kaum Regen. In Teilen der Sahara hat man seit 15 Jahren keinen Tropfen mehr gesehen!

Vor 6000 Jahren war die Sahara noch eine grüne Landschaft und Heimat vieler Tiere und Pflanzen. Vor 4000 Jahren begann eine Trockenzeit, die aus der Sahara eine Wüste machte. Menschen und Tiere flüchteten oder passten sich an die Hitze an.

Riesige Fläche

Die Sahara erstreckt sich vom Atlantik bis zum Roten Meer und vom Mittelmeer bis zum Fluss Niger: Das entspricht einer Fläche von 8 bis 10 Millionen km^2. Somit ist diese Wüste ca. 25-mal so groß wie ganz Deutschland!

In der Mitte finden sich Berge von über 3000 m Höhe. Es gibt steinige Ebenen und große Sandwüsten, die Ergs.

Oasen

Oasen finden sich bei den wenigen Wasserstellen. Reisende finden hier Wasser und Schatten. Die Oasenbewohner pflanzen hier meist Dattelpalmen an.

Schmuckstücke der Natur

Wenn Magmagestein aus den Tiefen des Erdinneren nach oben steigt, kristallisiert es: Seine Bestandteile ordnen sich zu einem Gitter an.

Größe

Kristalle können 1 bis 2 m groß sein, sie können aber auch nur wenige Zentimeter messen. Große Steine sind sehr selten zu finden.
Allen gemeinsam ist die Gitterordnung im Inneren.

Seltene Stücke

Eine Vielzahl unversehrter Kristalle von einzigartiger Schönheit ist in jedem Naturkundemuseum zu bewundern.
In Brasilien, am Rio Doce, hat man die schönsten und größten Kristalle der Welt gefunden.

Geode

Manchmal lagern sich Kristalle in den Hohlräumen von Gestein, z. B. in Basalt, ab. Dann spricht man von Geoden oder Mandelsteinen. In São Gabriel in Brasilien wurde ein 2500 kg schwerer Geode gefunden! Viele dieser Steine sind 400 bis 500 Millionen Jahre alt!

Wertvolle Steine

Diamant (5)
Der Diamant ist ein sehr harter Kristall, mit dem man auch Glas schneiden kann! Diamanten können durchsichtig, bräunlich, rosa, grün, blau oder gelb sein. Man schleift sie, damit sie ihren Glanz entfalten können.
Im südafrikanischen Kimberley findet man besonders viele Diamanten.

Rubin (1) und Saphir
Beide entstehen aus dem farblosen Mineral Korund. Chromoxid ergibt das leuchtende Rot des Rubins, Eisenoxid lässt den Saphir bläulich, gelblich oder grünlich glänzen.

Smaragd (4) und Aquamarin (3)
Beide Steine gehören zu den Beryllmineralien. Oft gibt es Einschlüsse in den Steinen, die wie Verschmutzungen aussehen und seinen Wert mindern. Dank dieser Einschlüsse lässt sich die Herkunft der Steine bestimmen. Auffallend schöne Smaragde finden sich in Kolumbien.

Der Amethyst (2) gehört zu den Quarzen.

Edelmetalle

Gold im Rohzustand auf Quarz

Rohsilber

Die wertvollsten Metalle sind Gold, Silber und Platin. Man nennt sie Edelmetalle. Sie werden als Zahlungsmittel, zur Schmuckherstellung und auch in der Industrie verwendet.

Begehrtes Gold

Schon immer suchten die Menschen fieberhaft nach Gold. Als im letzten Jahrhundert große Goldvorkommen in Kalifornien entdeckt wurden, strömten Massen, von Goldgräbern dorthin, angesteckt vom Goldrausch. Goldadern finden sich vor allem in Quarzgestein.
Um es herauszulösen muss das Gestein zerkleinert und dann geschmolzen werden. Man kann aber auch Goldklumpen aus Sand oder Kies auswaschen.
1872 hat man in Australien einen Klumpen von 99 kg Gewicht gefunden!

Kostbares Platin

Man verwendet Platin in der Industrie oder auch als Schmuck. Meist findet man kleine Platinkörner in Nickelvorkommen und in Goldadern.
Große Platinklumpen sind selten.
Der absolute Rekord liegt bei einem Fund von 9,7 kg Gewicht!

Vielseitiges Silber

Schon seit langer Zeit wird Schmuck aus Silber hergestellt.
Man benutzt dieses Metall aber auch in der Fotoindustrie.
Außerdem wird es u. a. in der Zahnmedizin und bei der Herstellung von Spiegeln verarbeitet.
Meist wird Silber in Kupferminen, Blei- und Zinkvorkommen gefunden und abgebaut.

Erdöl

Bohrturm

Erdöl entsteht durch den Verfall kleinster pflanzlicher und tierischer Organismen. Bakterien unterstützen diesen Abbauprozess, der schon seit vielen Jahrmillionen im Gange ist.

Entstehung

Diese kleinsten Organismen leben nicht sehr lange, vermehren sich aber rasend schnell.
Sterben sie, zersetzen sie sich und werden zu einer öligen Masse
Erdschichten schließen diese Masse ein.
Wenn dies in einer Tiefe von 2000 m und bei etwa 65 °C geschieht, lässt die Hitze die ölige Masse langsam zu Erdöl werden.
Steigt die Temperatur jedoch über 135 °C, entsteht Erdgas.
Erdöl findet sich tief in der Erde im Gestein eingeschlossen.
Um es fördern zu können müssen die Gesteinsschichten durchbohrt werden.
Das Erdöl kann dann an die Oberfläche steigen.

Entdeckung

Im Jahr 1859 suchte der Amerikaner Edwin Drake nach Wasser.
Beim Bohren stieß er zufällig auf ein Erdölvorkommen.
Bald erkannten die Menschen den Nutzen dieses Rohstoffes, den man auch schwarzes Gold nennt.
Eine fieberhafte Erdölsuche begann.
Man verwendet Erdöl als Grundlage für Brenn- und Kraftstoffe und zur Herstellung von Kunststoffen.

Pflanzen zur

Vor 150 Millionen Jahren wuchs zur Zeit der Dinosaurier der Ginkobaum.

Von den vielen Ginkogewächsen, die man aus Fossilienfunden kennt, wächst heute noch der Ginko- oder Fächerbaum. Er sieht noch genauso aus wie vor Jahrmillionen.

Der „40-Taler-Baum"
In Frankreich wird der Ginko manchmal so genannt, weil vor 200 Jahren ein Monsieur de Pétigny für genau 40 Taler einen Ginko von einem englischen Gärtner kaufte.
Das war damals sehr viel Geld!

Ginkobaum

Ginkobäume wachsen in Parks rund um den Erdball.
Sie konnten sich auch an die verschmutzte Luft in den Städten anpassen.
In China gibt es einen Baum, der über 3000 Jahre alt ist und immer noch Früchte trägt!
Meist pflanzt man männliche Bäume, da die weiblichen übel riechende Früchte tragen.

Zeit der Dinosaurier

Farne tragen keine Blüten, sondern haben an der Blattunterseite Gebilde, die an Staubkörner erinnern. Das sind die Sporen. Fallen sie auf den Boden, keimen sie und lassen eine neue Pflanze entstehen.

Farne gehören zu den ersten Pflanzen, die auf der Erde entstanden sind. Das war vor etwa 400 Millionen Jahren!

Farne

Vor langer Zeit wuchsen gigantische Farne und Bärlappe, die genauso groß wie Bäume wurden: Ihr Stamm war bis 1 m dick und 45 m hoch! Sie starben ab und vermoderten.
Die pflanzlichen Reste wurden im Laufe vieler Jahre in Kohle umgewandelt.
An die frühzeitlichen Pflanzen erinnern heute noch die Baumfarne in den tropischen Regenwäldern, z. B. auf der Insel Madagaskar.
1991 hat man auf Neukaledonien einen Baumfarn von 26 m Höhe entdeckt!

Gewaltige Riesen

Mammutbäume
Mammutbäume gehören zu den Zypressengewächsen. Im westlichen Nordamerika gibt es Riesenmammutbäume, die bis zu 120 m hoch werden. Das entspricht einem Wolkenkratzer mit 35 Etagen!
In Kalifornien steht ein Baum, den die Amerikaner „General Sherman” nennen: Er ist 89 m hoch, 2000 t schwer und hat in 1,50 m Höhe einen Umfang von 24 m!

Kaum zu glauben, dass aus einem weniger als 1 Gramm leichten Samenkorn ein so riesiger Mammutbaum wird! Man muss darauf allerdings etwa 3000 Jahre warten!

Gefahr
Im letzten Jahrhundert fällte man Unmengen von Mammutbäumen.
Zum Transport eines einzigen Baumes waren bis zu 30 Waggons nötig!
Durch den Stamm von „General Sherman” baute man sogar einen Straßentunnel!
Da diese Bäume sehr langsam wachsen, wurde so ihr Bestand gefährdet. Deshalb stellte man sie unter Naturschutz.
Vor allem in Nationalparks sind diese alten Baumriesen noch zu bestaunen.

Dicke Stämme
Der dickste Baum der Welt ist eine Zypresse, die in Mexiko steht.
Ihr Durchmesser beträgt am Boden 50 m: Die Kinder einer ganzen Schulklasse reichen nicht aus um den Stamm zu umfassen!

und robuste Zwerge

Hohe Stämme
In dem australischen Staat Victoria hat man 1872 einen Eukalyptusbaum vermessen, der 132 m hoch war!
In der gleichen Gegend wurde 1885 ein Riese von 140 m Höhe gefunden!
Eukalyptusbäume wachsen sehr schnell: Sie können bis 10 m Länge jedes Jahr zulegen!
Ihr Holz zählt zu den härtesten der Welt.
Es wird vor allem beim Bauen und zur Papierherstellung verwendet.
Aber nicht nur das Holz wird vielseitig genutzt, sondern auch die Blätter und die Rinde.

Zwerge
Im rauen Klima der arktischen Tundra ist es nicht leicht zu überleben. Es gibt aber bestimmte Weidenarten, die sich perfekt an diese harten Bedingungen angepasst haben: Sie ertragen niedrige Temperaturen und halten heftige, eisige Winde aus, indem sie sehr klein bleiben und am Boden entlangwachsen.

Eukalyptusbaum ▶

Kaum 10 cm hoch, und doch ein Baum. Diese Blätter gehören zu einer Weide, die durch ihre geringe Höhe keine Probleme hat, den eisigen Winden zu trotzen. ◀

Alte Bäume

Lange Zeit hielt man die Mammutbäume für die ältesten Bäume der Erde. Dann entdeckte man jedoch in Kalifornien die Grannenkiefern: Manche dieser Bäume sind über 4000 Jahre alt! In Australien wachsen Bäume, deren Alter man sogar auf 10 000 Jahre schätzt!

Genügsame Bäume

Grannenkiefern wachsen sogar in einer Höhe von über 3000 m auf steinigem, trockenen Boden.
Hier regnet es nur etwa alle 30 Jahre.
Den Kiefern reicht die Feuchtigkeit, die sie durch den Schnee bekommen.
Nur die Grannenkiefern gedeihen in diesem trockenkalten und sehr windigen Gebirgsklima.

Tote Bäume

Die Grannenkiefer wächst nur langsam. Ihr Holz ist äußerst hart und brennt sehr schlecht.
Harz umgibt den Stamm und konserviert ihn.
So ist es möglich, dass man abgestorbene Grannenkiefern sieht, die immer noch aufrecht stehen! Man hat solche Baumskelette gefunden, die über 8000 Jahre alt sind!

Bäume in der Wüste

Zwergbaobab
In der Wüste Namib wächst eine sehr kleine Affenbrotbaum-Art. Zum seltsamen Aussehen dieses Baumes erzählt man sich folgendes Märchen: Vor langer Zeit warfen die Götter kleine Bäume auf die Erde. Der Zwergbaobab drehte sich dabei im Fall um und kam mit dem Kopf zuerst auf. So streckt er noch heute die Wurzeln nach oben!

Obwohl die Wurzeln hoch in die Luft ragen, kann der Zwergbaobab wie seine großen Verwandten viel Wasser speichern.

Elefantenbaum (Bild rechts)
In den Wüsten Mexikos wachsen seltsame Bäume. Sie haben einen kurzen, in sich verdrehten Stamm und Zweige, die statt Blättern Dornen tragen. In den langen Trockenzeiten verändert der Baum sein Aussehen nicht. Sobald aber Regen fällt, sprießen plötzlich grüne Blätter und leuchtend rote Blüten, die Samen und Früchte hervorbringen. Nach 3 Wochen ist ihre Pracht vorüber und der Baum nimmt sein altes Aussehen wieder an. Er hat nun wieder genug Wasser gespeichert.

Baumschönheiten

Kandelaber-Wolfsmilch
Auf dem unteren Bild ist die Kandelaber-Wolfsmilch zu sehen. Sie hat einen dicken, kurzen Stamm mit kleinen Blättern und Stacheln.
1 m über dem Boden teilt sich der Stamm in viele schlangenartige Zweige und erinnert an die Fangarme eines Kraken.

Die Ostküste Madagaskars ist von Regenwäldern gesäumt: Hier findet man eine besondere Baumvielfalt.

Der Baum der Reisenden (Bild oben) stammt aus Madagaskar und gehört zur Familie der Bananengewächse. Sein Stamm hat Ähnlichkeiten mit dem einer Palme.
Lange Blätter sind wie ein Fächer angeordnet.
Dieser Baum wird bis zu 10 m hoch.
Er ist in tropischen Regionen sehr verbreitet.
Seinen ungewöhnlichen Namen hat er erhalten, weil das Regenwasser sich in seinen Blättern sammelt. Reisende brauchen nur einen Zweig zu bewegen um ihren Durst zu stillen.

Zu wenig Wasser ...

Nützlicher Baum

Die Früchte dieses Baumes dienen den Menschen und Affen als Nahrung. Seine Blätter sind ein beliebtes Würzmittel. Aus der Rinde stellt man Seile und Körbe her.

Sicheres Versteck

Im Stamm eines alten Baobabs sind viele Hohlräume, in denen Vögel sich vor Wind, Sand und Feinden schützen. Bei Feuer brennt der Baoab nicht, da sein Holz mit Wasser getränkt ist. Bei einem Waldbrand finden kleine Tiere in seinem Stamm Zuflucht.

Fledermäuse verbreiten seine Früchte.

Groß und kräftig

Der Affenbrotbaum oder Baobab hat einen runden Stamm, in dem er in der Regenzeit Wasser sammelt. Je mehr er speichert, desto stärker schwillt der Stamm an.
In der Trockenzeit lebt der Baobab von dieser Reserve: Langsam braucht er das Wasser auf, sein Stamm wird dabei dünner! Starke Wurzeln verankern diesen Baum fest im Boden. Sein weiches, schwammiges Holz hält sogar Termiten fern!

Zu viel Wasser

Wald auf Pfählen

An den Küsten der tropischen Meere gibt es Mangrovenwälder.
Die Mangroven haben lange Wurzeln, die tief in den schlammigen Boden reichen.
So sind sie auch bei Stürmen fest verankert.
Das stehende Wasser enthält kaum Sauerstoff.
Die Stelzwurzeln haben deshalb Luftröhren, die aus dem Wasser ragen und Sauerstoff nach unten leiten!

Vermehrung

Die Mangrovensamen können nicht schwimmen!
Der Baum behilft sich deshalb mit einem Trick:
Seine Samen keimen auf den Bäumen und wachsen zu kleinen, fertigen Pflanzen heran (1).
Erst wenn Stängel, Blätter und Wurzeln ausgebildet sind, löst sich der neue Baum vom alten und verankert sich im Schlammboden (2).
Lösen sie sich bei Hochwasser, ist das kein Problem: Bis zu 3 Monate können sie auf dem Wasser treiben, bevor sie sich im Erdreich verwurzeln.
Dann wachsen sie rasch zu großen Bäumen heran.
Mangrovenwälder sind 10 bis 20 m hoch!

Wurzeln, die sich nicht verstecken

In Deutschland hat man Fossilien gefunden, die beweisen, dass Zypressen schon vor 20 Millionen Jahren existierten!

Banyanbaum
Der indische Banyanbaum (Bild unten) gehört zu der Familie der Würgefeigen.
Er hat Luftwurzeln, die von den Ästen zur Erde wachsen und dabci richtige „Wäldchen" bilden.
Berühmt ist der 200 Jahre alte Banyan des Botanischen Gartens in Kalkutta: Er bedeckt eine Fläche von 12 000 m^2!

Sumpfzypressen
Im Süden der USA gibt es diese Zypressenart, die wie die Mangrove mit den Füßen im Wasser steht.
Auch sie hat Luftröhren um die Wurzeln unter Wasser mit lebenswichtigem Sauerstoff zu versorgen.
Die Sumpfzypresse wird bis 45 m hoch und hat ein hartes, dunkelrotes bis schwarzes Holz.
Diese Bäume können mehr als 1000 Jahre alt werden.
Es gibt sie schon seit dem Tertiär.

Die Kokosnuss

Die Kokosnuss ist eine vielseitige Frucht!

Junge Kokosnüsse produzieren eine milchige Flüssigkeit, die den Durst löscht.
Ältere Früchte haben ein köstliches Fruchtfleisch.
Die Nuss ist von Fasern umgeben, aus denen man Fischernetze und Seile fertigen kann.

Treibgut

Eine einzige Kokospalme kann 100 Jahre leben und jedes Jahr 450 Kokosnüsse hervorbringen!

Die Nüsse können auf dem Meer treiben und dabei tausende von Kilometer zurücklegen, bis sie an einen Strand gespült werden und dort Wurzeln schlagen.
Deshalb sind an den meisten tropischen Stränden Kokospalmen zu finden.
Im pazifischen Raum gibt es den Brauch, bei der Geburt eines Kindes eine Palme zu pflanzen.
Die Menschen dort glauben, dass diese Palme den Gesundheitszustand des Kindes widerspiegelt.

Pflanzen statt Tiere

Der Jojoba
Seit langer Zeit macht man Jagd auf den Pottwal wegen des so genannten Walrats. Das ist eine wachsartige Masse im Fettgewebe der Walstirn.
Man macht daraus Salben, Kerzen und Seifen.
In Mexiko wächst Jojoba, ein Strauch, dessen Früchte ein Wachs produzieren, das dem Walrat sehr ähnlich ist.
Glücklicherweise ersetzt dieser nachwachsende pflanzliche Stoff mehr und mehr den tierischen.
So kann der Jojobastrauch helfen eine bedrohte Tierart zu erhalten!

Elfenbeinpalme (Bild links)
Die Elefanten Afrikas werden immer wieder wegen des kostbaren Elfenbeins gejagt und abgeschlachtet.
In Südamerika aber wächst eine Palme, deren Samen dem Elfenbein täuschend ähnlich sind.
Man kann diesen Stoff genauso bearbeiten wie das echte Elfenbein.
Es gibt also keinen Grund, weiterhin auf Elefantenjagd zu gehen!

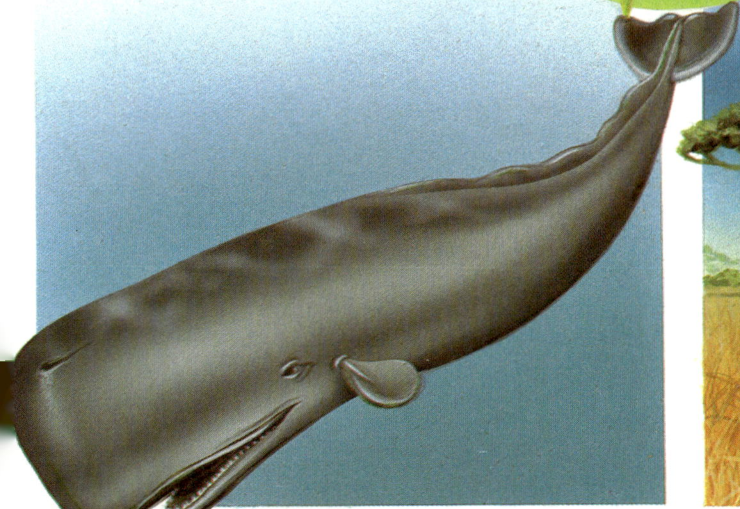

Zauberwald

In Frankreich gibt es einen seltsamen Wald!

Nahe bei der Stadt Reims ist ein ungewöhnlicher Wald aus Buchen zu sehen: Die sonst so geraden und hohen Bäume sind hier knorrig, verwachsen und haben verdrehte Stämme.
Manche Buchen wachsen sogar am Boden entlang, so als ob sie kriechen würden.
Die ältesten unter ihnen sind 1000 Jahre alt.
Warum sie so aussehen, ist ein Rätsel.

Die Alraune

Die Alraune hat eine dicke, fleischige Wurzel, die wie ein Mensch aussieht (Bild rechts)!
Früher galt die Alraune als Zauberpflanze mit magischen Kräften.
Man erzählte sich, dass sie einen Schrei ausstößt, wenn sie aus der Erde kommt.
Jeder, der diesen Schrei hört, soll der Sage nach sterben.
Es ranken sich noch viele wundersame Geschichten um diese Wurzel.
Manche sagen sogar, sie bringe Reichtum und Glück!

Rasantes Wachstum

Bambusgewächse gibt es in vielen Ländern. In den Tropen bilden sie dichte Wälder.

In wenigen Monaten kann der Bambus eine Höhe von 30 m erreichen. Ein Baum braucht mehrere Jahre um so groß zu werden! Der Bambus in Birma wächst sogar 50 cm am Tag!

Wachstum

Bei den meisten Pflanzen ist der wachsende Trieb nicht mehr als 6 mm lang. Beim Bambus sind dagegen 60 cm keine Seltenheit! Außerdem wachsen die Triebe des Bambus ununterbrochen. Ein Baumtrieb wächst hingegen nur einen Monat im Jahr.

Tod des Bambus

Alle 33 bis 66 Jahre begeht der Bambus aus unbekannten Gründen „Selbstmord": Es blühen dann sehr große Blüten, die alle Zuckerreserven der Pflanze verbrauchen, ohne sie zu ersetzen. Der Bambus verliert dadurch seine Kraft und stirbt ab. Das ist sehr schlimm in Gebieten, in denen die Menschen auf Bambus als Baumaterial angewiesen sind. Für den Panda ist es eine Katastrophe, da ihm seine Nahrungsgrundlage entzogen wird. Alle Vertreter einer Bambusart erblühen und sterben im gleichen Jahr, egal wo die Pflanze sich befindet. Auch wenn eine Bambuspflanze z. B. nach England gebracht wurde, geht sie zeitgleich mit den Pflanzen in der tropischen Heimat ein!

Kanonenkugelbaum

Der Kanonenkugelbaum trägt große, rote Blüten. Ihre fleischigen Blütenblätter sind immer weit geöffnet und erinnern in ihrer Form an Satellitenantennen. Dadurch ist es für die Fledermäuse nachts ein Leichtes, die süß duftenden Blüten mit ihren Ultraschallrufen zu finden. Die Tiere laben sich am Blütennektar und bestäuben dabei die Pflanze.
Nach der Befruchtung verwandeln sich die Blüten in große, kugelige Früchte, die wie Kanonenkugeln aussehen und bis zu 8 kg schwer werden können.
Der Kanonenkugelbaum wächst vor allem im tropischen Regenwald Südamerikas.

Fledermäuse finden mit Ultraschallrufen die Blüten und bestäuben sie.

Stiel oder Blätter?

Feigenkaktus

Die jungen Pflanzen schützen sich mit langen Dornen, die nach und nach abfallen.

Unechte Blätter

Was wie Blätter aussieht, sind in Wirklichkeit kleine Schuppen.
Auch die Stiele haben Blattform. So kann überall das Sonnenlicht in wertvolle Zuckerreserven umgewandelt werden.
Kleine, hellgrüne Blüten sitzen in der Mitte dieser unechten Blätter.
Der Wind sorgt für die Bestäubung der weiblichen Blüten. Danach werden sie zu roten, kirschgroßen Früchten.

Der Feigenkaktus hat keine Blätter, aber seine Stiele sehen blattähnlich aus.

Nach Regenfällen speichern die Stiele Wasser und blähen sich dabei auf. Früchte wachsen an den Enden der platten Stiele. Sie sind essbar.

Höhenwachstum

In trockenen Landstrichen wächst der Feigenkaktus ziemlich niedrig. Aus unerklärlichen Gründen aber gibt es auf den Galapagosinseln sehr große Exemplare von 12 m Höhe und 1m Durchmesser. Eine dicke Rinde schützt ihn vor gefräßigen Schildkröten.

Im Durchmesser sind die kleinen Blüten nur 5 mm groß!

Falsche Blüten

Giftiger Saft

Die Wolfsmilch speichert in ihren fleischigen Blattstielen das rare Wasser. Wie ein Schwamm saugt sie sich voll und legt einen Wasservorrat an. Solche Pflanzen nennt man Sukkulenten. Anders als bei den Kakteen ist der Saft dieser Pflanze milchig und giftig. Die Afrikaner setzen diesen Saft beim Fischfang ein. Ein Wolfsmilchgewächs kann baumhoch werden! Zu diesen Gewächsen gehören über 7000 Arten! Die meisten wachsen in den Tropen. Sehr bekannt ist der Weihnachtsstern.

Der Wolfsmilchstrauch sieht wie ein Kaktus aus, ist aber keiner! Er wächst vor allem in Afrika und auf den Kanarischen Inseln.

Die äußere Gestalt dieser Gewächse gleicht auf verblüffende Weise den Kakteen. Wie diese leben sie in trockenen Gebieten und sind darauf angewiesen, möglichst wenig Wasser zu verbrauchen. So haben sie statt Blättern Stacheln.

Blütenfälschung

Kakteen haben oft große, auffallende Blüten. Anders die Wolfsmilch: Mehrere Blüten bilden eine „falsche" Blüte. In ihrer Mitte ist eine einzige weibliche Blüte. Um sie herum gruppieren sich männliche Blüten, die nur noch aus einem Staubgefäß bestehen. Durch diese Form wird erreicht, dass die weibliche Blüte bestäubt wird!

Lebende Wassertanks

Diese Pflanze kann 10 t Wasser speichern und damit auch mehrere trockene Jahre überleben.

Kakteenformen

Große Kakteen wachsen in Kandelaberform (Bild links) oder als Säulen (Bild unten). Die größten gibt es in Mexiko, Arizona und Kalifornien.
Ein Kaktus dieser Größe kann bis zu 200 Jahre alt werden!

Gewittert es heftig, kann es passieren, dass der Kaktus zu viel Wasser aufsaugt und platzt!

Riesenkaktus

Der Riesenkaktus kann 20 m hoch und 1,50 m dick werden. In den Wüsten Mexikos bilden diese riesigen Pflanzen einen richtigen Wald. Die ältesten unter ihnen sind fast 300 Jahre alt und wiegen 10 t!

Wasserspeicher

Im Umkreis von 15 m breiten sich die Wurzeln des mächtigen Riesenkaktus aus. So wird auch noch der entfernteste Wassertropfen aufgefangen!

Fällt Regen, nehmen die Wurzeln die Feuchtigkeit auf und leiten sie durch Kanäle in die Arme des Kaktus weiter.

Hoch wie Bäume

Frucht und Raupen
Sobald die Frucht reift und Kerne ausbildet, schlüpfen die Raupen des Schmetterlings.
Sofort machen sie sich über die Kerne her!
Würden alle gefressen werden, gäbe es bald keine Yuccas mehr: Deshalb legt der Schmetterling nur eine sehr begrenzte Anzahl Eier!
Gut so, denn sonst fänden auch die nachwachsenden Raupen nicht mehr genug Nahrung!

Mexikanische Yucca
Im Gegensatz zu den Yuccas, die wir als Zimmerpflanzen kennen, können die Exemplare, die in der mexikanischen Wüste Vizcaino wachsen, über 12 m groß und 200 Jahre alt werden!
Ihr Stamm ist mit verwelkten Blättern umhüllt. Die Wedel sind schwertförmig.
Aus ihnen werden die Yuccafasern gewonnen, aus denen Körbe, Matten und Seile gefertigt werden.
Die Yucca wird auch Palmlilie genannt.

Bestäubung
Die Yucca entwickelt weiße Blüten, durch die Schmetterlinge angelockt werden.
Der Schmetterling sammelt bei der Suche nach Nektar Pollen.
Legt er nun seine Eier in die Blüte einer anderen Yucca, lässt er die Pollen fallen.
Sie gelangen auf den Blütenstempel, die Blüte wird befruchtet:
Es entsteht eine Frucht.
Yuccas, die hier wachsen, blühen kaum und tragen auch keine Früchte.

Kurze Blütenpracht

Königin der Nacht

Wenige Stunden Blütenpracht

Auf Jamaika lebt ein besonderer Schlangenkaktus, den man Königin der Nacht nennt. Seine mit Stacheln besetzten Arme ranken an Bäumen hinauf.
Über 100 m lang kann dieser Kletterkaktus werden!
Die 35 cm großen, stark duftenden Blüten öffnen sich für nur eine Nacht. Sie locken Fledermäuse an, die sie bestäuben.
Nach wenigen Stunden schon verwelken die prachtvollen Blüten.

Die Agave

Die Agave ist bestens ans trockenheiße Klima Mexikos angepasst: Ihre fleischigen Blätter speichern die Flüssigkeit und sind mit Wachs überzogen, damit nichts verdunsten kann!
Tief ragen die Wurzeln ins Erdreich. So werden auch kleinste Wassermengen aufgenommen.

Blühen und sterben

Nach 15 bis 20 Jahren sammelt die Agave alle verfügbaren Kraftreserven und eine 6 m hohe Blütenrispe wächst.
Das Blühen zehrt alle Nährstoffvorräte auf, die Agave verliert ihre Kraft und geht ein. Aber es haben sich Triebe gebildet, aus denen neue Agaven entstehen.

Blütenrispe der Agave

Kriechende Pflanzen

Kriechender Teufel
Dieser mexikanische Kaktus hat schwertartige Stacheln und wird 5 m lang.
Er wächst in Wurstform am Boden entlang, was aussieht, als würde er kriechen.
Dabei windet er sich um andere Wüstenpflanzen und Steine. Seine Blüten sind 10 bis 14 cm groß und weiß.
An manchen Stellen schlägt der Kaktus Wurzeln.
Dabei entstehen neue Pflanzentriebe.
Der alte Teil der Pflanze stirbt ab.
Der Kaktus hat noch eine andere Methode sich fortzupflanzen: Er bringt Früchte hervor, die prall gefüllt mit Samenkörnern sind. Seit einiger Zeit ist das Weiterleben des Kriechenden Teufels gefährdet.
Die Menschen leiten Wasser in sein Heimatgebiet.
Er aber kann in feuchten Gebieten nicht leben!

Blutmilchpilz
Dieser Pilz (Bild links) gehört zu den Schleimpilzen.
Er lebt im Verborgenen.
Am Anfang hat er das Aussehen von rosa Gelee.
Diese Masse bewegt sich mit einer Art Füßchen fort.
So kann der Pilz dorthin wandern, wo er beste Bedingungen zum Keimen vorfindet.
Der Pilz hat die Fähigkeit, sich genau die Umgebung zu suchen, die er für seine erfolgreiche Vermehrung braucht: Feuchte, warme Plätze unterstützen das Keimen des Blutmilchpilzes.
Schließlich bilden sich kleine, feste Kugeln, die Fruchtkörper.
In ihnen wachsen die Sporen, durch die der Pilz sich weiter vermehrt.

Gigantische Blüte

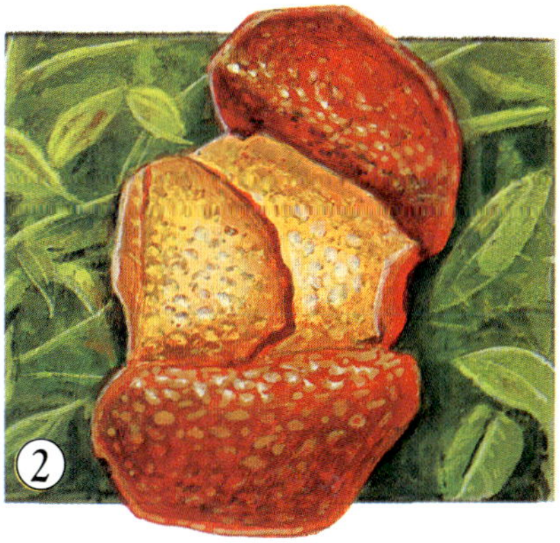

Die größte Blüte der Welt ist die Riesenrafflesie, die in Indonesien wächst. Sie kann bis 1 m groß und 6 kg schwer werden!

Die Riesenrafflesie hat weder Stiel noch Wurzeln. Beides braucht sie auch nicht, denn sie ist eine Schmarotzerpflanze: Sie verankert sich vor allem an Lianen und raubt ihnen die Nahrung.
Wenn sie genügend Vorräte gesammelt hat, bildet sich eine Knospe, so groß wie ein Basketball (1).
Dann erblüht die Pflanze: fünf riesige, tellerförmige, rot und weiß gesprenkelte Blütenblätter kommen zum Vorschein (2).

Bestäubung

Die Blüte verströmt einen Geruch, der Aasfliegen anlockt.
Die Fliege fällt in einen mit Dornen gespickten Abgrund. Sie versucht sich zu befreien und rutscht immer tiefer. Dabei bleiben klebrige Pollen aus den Staubgefäßen der Pflanze an ihr hängen. Gelingt es ihr, die Blüte zu verlassen, nimmt sie diese Last mit.
Beim Besuch einer anderen Rafflesie lädt sie den Pollen ab, der die Stempel bestäubt.
Nach der Bestäubung bilden sich in einer einzigen Blüte 2 bis 4 Millionen Samen.
Nun hat die riesige Blüte ihre Aufgabe erfüllt.
Die Rafflesie verwelkt.

Riesige Seerosen

Seerosen sind mit einem Stiel am Grund eines Teiches verankert. Sie helfen das Wasser sauber zu halten: Die Pflanzen liefern Sauerstoff, schützen und ernähren Fische, Vögel und Insekten. Seerosen wachsen heute fast überall auf der Erde.

Die jungen Blätter schwimmen zuerst eingerollt im Wasser. Langsam rollen sie sich auf und erreichen die Wasseroberfläche, wo sie sich entfalten. Die Blüten sind gelb, weiß oder rosa.

Victoria
Die Victoria ist eine sehr große Seerose: Ihre Blätter haben einen Durchmesser von 2 m! Sie können ein Gewicht von 70 kg tragen! Diese Seerose findet sich in den Tropen Südamerikas.

Bestäubung
Die Blüte (Bild rechts) öffnet sich am Nachmittag. Ihr Duft lockt Maikäfer an, die sich vom Pollen ernähren. An ihn gelangen sie aber nicht, weil er fest verschlossen im Staubgefäß ist.

Die Seerose schließt sich am Abend und sperrt ihre Besucher ein.
Am nächsten Morgen gewährt sie Zugang zum Pollen und öffnet danach die Blüte.
Der Käfer ist frei.

So alt!

In den steinigen Gebieten der Wüste Namib wächst die Welwitschia. Kräftige Wurzeln verankern sie fest im Erdreich. Sie hat nur zwei bandförmige Blätter, die mehrere Meter lang werden. Diese Blätter sehen aus wie geplatzte Autoreifen!

Die Pflanze nimmt mit ihren Blättern die Feuchtigkeit, die jeden Morgen in der Namib-Wüste herrscht (siehe S. 45), auf. So erträgt sie die Hitze des Tages.
Die Welwitschia ist aber auch fähig Trockenzeiten bis zu zwei Jahren zu überstehen.
Die Blätter werden selten länger als 2 m, da der Wind sie leicht abbricht.
Es gibt aber auch Menschen, die behaupten, eine Welwitschia von 100 Meter Länge gesehen zu haben!

Alter

Die größte und älteste Welwitschia ist 2000 Jahre alt. Die Wissenschaftler gehen davon aus, dass diese Pflanze schon seit 220 Millionen Jahren existiert.
Leider gibt es dafür noch keinen Beweis.
Aber besonders bei der Fortpflanzung hat sie sehr primitive Eigenschaften.
Es ist nicht klar, wie die weiblichen Pflanzen bestäubt werden.
Geschieht es durch den Wind? Oder durch Insekten?
So oder so produziert die Welwitschia Triebe, die um die alte Pflanze wachsen.
Auf jeden Fall sind noch nicht alle Geheimnisse dieser Pflanze gelüftet!

Seltsame Formen

Seychellennusspalme

Diese Palme trägt Steinfrüchte, die 3-mal größer als Kokosnüsse sind und aussehen wie ein Popo! Diese riesigen Samen sind zu schwer um vom Wind oder von Tieren verbreitet zu werden.
Damit es zur Bestäubung kommen kann, müssen männliche und weibliche Pflanzen nahe beieinander stehen.

Lebende Steine

Lebende Steine sind Wüstenpflanzen, die vor allem in Afrika vorkommen. Ihren Namen tragen sie, weil sie von Kieselsteinen kaum zu unterscheiden sind. Nur wenn die Pflanze blüht, ist sie als solche erkennbar: Eine weiße oder gelbe Blüte zeigt sich einen Nachmittag lang.
Eigentlich ist diese Pflanze ein unterirdischer Strauch. Sichtbar sind lediglich zwei fleischige, miteinander verwachsene Blätter, die Wasser speichern. So hat die Pflanze genug Wasser um die Dürre zu überstehen.

Das Aussehen der Lebenden Steine ist eine perfekte Tarnung. So sind sie vor Pflanzenfressern sicher!

Die Früchte der Seychellennusspalme können bis zu 20 kg wiegen!

Barometer-Pflanzen

Wetterdistel
Die Wetterdistel oder Eberwurz hat bei schönem, sonnigen Wetter ihre Blüte weit geöffnet.
Sobald sich aber Regen ankündigt, verschließt sie sich. Wenn die ersten Tropfen fallen, ist die Blüte ganz verborgen.
Sieht man eine Wetterdistel, die sich zu schließen beginnt, lohnt es nicht, zu langen Wanderungen aufzubrechen!
In den Bergen stellen die Schäfer oft eine Wetterdistel bei ihrer Hütte auf. So wissen sie, wann sie ihre Herde im Trockenen auf die Weide führen können.
Die Wetterdistel droht leider auszusterben!

Jerichorose
Die Jerichorose oder Auferstehungspflanze (Bild rechts) wächst in Wüstengebieten.
Ohne Probleme hält sie lange Trockenzeiten aus. Sie rollt sich bei Wassermangel einfach zusammen und sieht wie eine leblose gelblich braune Kugel aus.

Sobald Regen fällt, öffnet sich die Jerichorose:
Die Blätter rollen auf und werden grün. Solange genug Wasser vorhanden ist, bleibt die Pflanze so.
Kehrt die Trockenheit zurück, rollt sie sich wieder zusammen. Nun kann die Pflanze viele Jahre ausharren, bis es das nächste Mal wieder regnet. Trotz ihres leblosen Aussehens kann sie wieder zum Leben erwachen.
Die Jerichorose gehört zu den Moosfarnen.

Mit und ohne Halt

Fuchsschwanz
Jeder kennt die großen, strohigen Kugeln, die in Western-Filmen durch einsame Dorfstraßen geweht werden.
Sie sind die verwelkten Reste des Fuchsschwanzes. Diese Pflanze verblüht, bringt Samenkörner hervor und rollt sich zusammen.
Der Wind entwurzelt sie und treibt sie vor sich her.
Treffen mehrere Kugeln aufeinander, verhaken sie sich und bilden bis zu 80 cm große Kugeln.
Beim Rollen verstreuen sie Samenkörner, die im Boden zu keimen beginnen.
Am Ende ist die Pflanze tot, aber sie hat ihre Nachkommen auf der ganzen Wegstrecke verteilt.
Das ist eine sehr wirkungsvolle Methode: Von Kanada bis Mexiko konnte sich der Fuchsschwanz auf diese Weise erfolgreich verbreiten!

Tillandsien
Tillandsien sind Pflanzen, die keine starken Wurzeln haben und sich nicht im Erdreich verankern.
Stattdessen haben sie kleine Haftwurzeln, mit denen sie sich an Bäumen oder anderen Pflanzen festhalten.
Meistens zapfen sie aber nicht deren Nahrungsvorräte an.
Einige Tillandsien begnügen sich sogar mit elektrischen Leitungen als Haftpunkt!
Sie leben in heißen Ländern.
Am bekanntesten ist der Greisenbart.
Kleine Tillandsien sind am Riesenkaktus zu finden: Sie leben von seinem Wasservorrat.
Vögel helfen bei der Verbreitung dieser Pflanzen.

Insektenverführer

Fliegen-Ragwurz
Diese Pflanze wird von Fliegen besucht, die ihre Pollen zu anderen Blüten tragen.
Um diese dienstbaren Insekten anzulocken bedient sich die Pflanze eines Tricks: Ihre Blüte ist in Form und Farbe einer Fliege täuschend ähnlich. Umgebildete Blütenblätter ahmen sogar die Fühler nach!
Die Ragwurz ist eine Orchideengattung. Es gibt 30 verschiedene Arten.

Bienen-Ragwurz
Diese Orchidee hat sich auf eine bestimmte Insektengattung, die Eucera-Biene, eingestellt: Die Blüte sieht in Farbe und Form wie eine weibliche Biene aus. Sie setzt sogar deren Duftstoffe frei!
Auf diese Weise lockt die Pflanze eine männliche Biene an.
Die hält die Blüte für ein Weibchen und macht sich sofort an die Paarung. Dabei stößt der Bienenkörper immer wieder an die Staubgefäße und nimmt Pollen auf. Schließlich fliegt die Biene zur nächsten Blüte und streift dort den mitgebrachten Pollen ab. Jetzt ist diese Orchidee bestäubt worden.
Da die Ragwurz in der Lage ist, den weiblichen Duft vor den Bienenweibchen zu produzieren, interessieren sich die Männchen zuerst für die Pflanze!
Die Ragwurzarten ahmen Insekten geschickt nach und täuschen so die Tiere!

Betörend schöne

sammelt mit ihrem pelzigen Körper den Pollen ein.

Pollenschleuder
Die Rasselstendel, eine tropische Orchideenart, hat große, purpurfarbene Blüten.
Der Pollen befindet sich in einem einzigen Staubgefäß. Sobald ein Insekt dieses berührt, schleudert die Pflanze den Pollen an den Kopf des Tieres.

Opfer der eigenen Schönheit
Orchideen sind Pflanzen mit wunderschönen, ausgefallenen Blüten.
Eine besonders prächtige Blüte hat der Frauenschuh (Bild oben).
Leider stieß diese Pflanze auf so viel Gefallen, dass sie immer wieder gepflückt wurde und heute nur noch in wenigen Ecken der Alpen und Vogesen zu finden ist!
Der Frauenschuh gehört zu den Erdorchideen und hat einen weit verzweigten Wurzelstock.

Insektenfalle
Wie die anderen Orchideen bedient sich auch der Frauenschuh der Insekten um bestäubt zu werden.
Die schuhförmigen Blumenblätter locken mit ihrer Färbung und ihrem Duft Hummeln an.
Das Insekt fällt in den Schuh.
Auf dem Weg ins Freie durchquert die Hummel die Blüte.
Dabei streift sie an den Staubgefäßen entlang und

Die Rasselstendel kann das Insekt sogar k. o. schlagen!

Blütenfallen

ähneln und verströmt einen Lockduft.
So zieht sie Blattläuse an, die in die kesselförmige Blüte fallen.
Die Insekten versuchen sich zu befreien und bedecken sich mit Pollen.
Es gibt keine Fluchtmöglichkeit:
Die Tiere müssen warten, bis die Blüte verwelkt, um ins Freie zu gelangen und die nächste Pflanze zu bestäuben!

Blattläusen, die auf den Trick der Leuchterblume hereingefallen sind, ergeht es schlecht!

Schwalbenwurzgewächse
Diese Pflanzen können sich nicht selbst befruchten, sie brauchen Insekten, die sie bestäuben.
An heißen Tagen geben sie einen zuckerhaltigen Saft ab, der Bienen anlockt.
Aber das ist eine Falle:
Sobald sich die Bienen auf der Pflanze niederlassen, sind sie gefangen. Kleine Schlingen halten sie an den Beinen fest.
Das Tier versucht sich zu befreien und sammelt dabei unbeabsichtigt den Pollen.
Nur wenigen Insekten gelingt die Flucht unversehrt. Viele verlieren in dieser Falle Beine oder sogar ihr Leben! Auch der nächsten Pflanze kann die Biene nicht widerstehen. Diesmal lädt das Insekt bei seinen Befreiungsversuchen den Pollen ab und bestäubt die Pflanze.
Die Schwalbenwurzgewächse stammen aus Südamerika.

Leuchterblume
Die Leuchterblume wächst in Afrika und Asien und ist eine richtige Blattlausfalle:
Sie hat feine Härchen, die einer Blattlauskolonie

Schmarotzer

Verbreitung durch Vögel

Die Früchte der Mistel sind Beeren: Jedes Samenkorn ist von einer klebrigen Masse umhüllt.
Vögel picken die Beeren auf, können sie aber nicht verdauen.
Sie scheiden sie deshalb wieder aus.
Die klebrige Hülle bewirkt, dass die Beere sich an einen Ast oder an Vogelgefieder heftet.
Der Vogel streift die Beere dann an einem Baum ab.
So findet die Beere auf jeden Fall einen geeigneten Wirt.
Dann beginnt das Samenkorn zu keimen.
Ein Sprössling wird sichtbar, der sich in die Rinde bohrt, die junge Mistel beginnt zu wachsen ...

Die Mistel ist eine Schmarotzerpflanze, d. h., sie lebt auf Kosten von Bäumen und Sträuchern.

Die Mistel hat keine Wurzeln, durch die sie sich aus der Erde mit Nahrung versorgen könnte.
Sie lässt sich deshalb auf Bäumen nieder, dringt in die Äste ein und entzieht dem Baum die Nährstoffe.
Je mehr der Baum wächst, umso mehr breitet sich die Mistel aus. Sie raubt ihm immer mehr Saft.

Schließlich hat der Baum keine Lebenskraft mehr und stirbt ab.
Nun fehlt auch der Mistel die Nahrungsgrundlage:
Sie stirbt ebenfalls.

Auf Kosten anderer

Kleeseide (Bild oben)
Die Kleeseide keimt in der Erde und wächst nach oben. Sie schlingt sich um eine Wirtspflanze.
Nach einer Woche löst sie ihre Verbindung zum Boden und beginnt ihr Schmarotzerleben: Sie bildet um den Wirt ein Geflecht aus feinen, braunen oder rosafarbenen Fäden.
Wegen dieses Geflechts nennt man die Kleeseide auch Teufelszwirn oder Hexenseide.
Mit Trieben holt sie sich Nährstoffe aus der Wirtspflanze.
Das schadet dem Wirt.
Schmarotzer nennt man auch Parasiten.

Fichtenspargel
Diese Pflanze findet man dort, wo Blätter und andere pflanzliche Abfälle verrotten.
Der Fichtenspargel hat Blätter, die zu Schuppen verkleinert sind und kein Chlorophyll enthalten.
Sie sind deshalb nicht grün, sondern gelblich.
Daher braucht der Fichtenspargel auch kein Sonnenlicht.
Seine Nahrung holt er aus einem unterirdischen Pilz, der um die Wurzeln wächst.

Fichtenspargel

Lästige Wasserpflanze

Wasserhyazinthe
Die Wasserhyazinthe ist eine anspruchslose Wasserpflanze, die sich sehr schnell vermehrt.
In den Tropen und Subtropen beherrscht sie die Gewässer.
In Louisiana z. B. bringt eine einzige Pflanze während eines Sommermonats 65 000 Nachkommen hervor!
Jeden Tag nimmt die dichte Pflanzendecke auf dem Gewässer um 10 % zu.
Die Pflanzendecke kann so dicht werden, dass man sogar auf ihr laufen kann ohne nasse Füße zu bekommen!
Sie erschwert auf manchen Flüssen und Seen den Schiffsverkehr!

Nicht auszurotten!
Überall versucht man sich dieser Pflanze zu entledigen. Dies geschieht mit bloßen Händen oder mit Maschinen. Auch Dynamit, Flammenwerfer und Chemie (z. B. Arsen) werden dafür eingesetzt.
Man versucht es auch mit biologischen Methoden: Schnecken, Schildkröten und Karpfen werden ausgesetzt. Die Schnecken fressen jedoch nicht nur die Wasserhyazinthe, sondern auch wertvolle Reispflanzen. Karpfen und Schildkröten können in diesen Gebieten nicht lange überleben.
So blieben alle Versuche, diese Plage einzudämmen, bisher vergebens!

Die Wasserhyazinthe kann die Schifffahrt behindern, wie z. B. hier auf dem Nil.

Blüte und Samenkorn

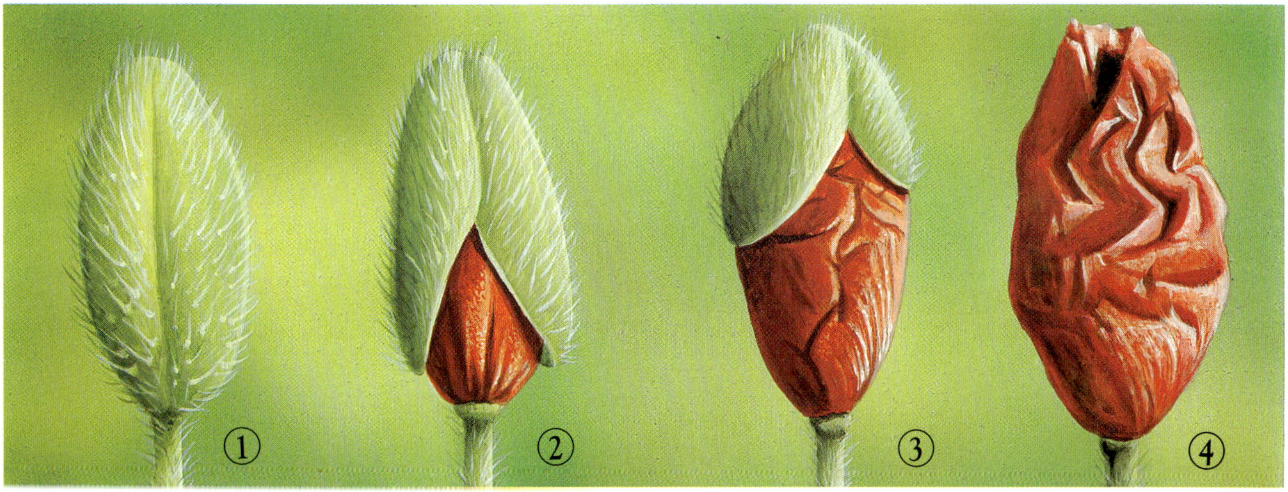

Vom Nutzen der Blüten

Sehen die Blüten der Pflanzen äußerlich auch sehr verschieden aus, haben sie doch alle den gleichen Bauplan: Die Blütenblätter locken mit ihrer Farbe Insekten an und schützen Stempel und Staubblätter im Innern.

Die Staubbeutel enthalten den Pollen, den männlichen Samen.
In der Mitte befindet sich der Stempel, der weibliche Teil.
Oben sitzt die Narbe, die durch den langen Griffel mit dem Fruchtknoten verbunden ist.

Schrittweise (1-8) entwickelt sich eine Blüte.

Nach der Bestäubung durch die Pollen bilden sich im Fruchtknoten Samenkörner. Gelangen sie in die Erde, keimen sie und es entsteht eine neue Pflanze.

Samenkörner im Wind

Was beim Löwenzahn wie eine große, flauschige Wattekugel aussieht, sind viele kleine, schirmförmige Samenkörner.

Die Löwenzahnblüte ist weit geöffnet.
Insekten bestäuben sie.
Danach schließt sich die Blüte und im Innern bilden sich Samenkörner aus.
Nach und nach verwelken die gelben Blütenblätter.
Aus den Samenkörnern wachsen kleine Stiele mit buschigen Hauben.
Sie öffnen sich zu kleinen Fallschirmen.
Bei Wind treten die Samenkörner den Flug an.
Landen sie, trennen sie sich vom Fallschirm und beginnen zu keimen.

Rekordflieger
Die Samenkörner tropischer Kürbisgewächse sind mit einem durchsichtigen, leichten Flügel ausgerüstet.
So können sie mithilfe des Windes Höhen von mehr als 30 m erreichen! Sie schweben mehr als hundert Kilometer weit über den Baumkronen, bevor sie zur Erde fallen und keimen.

Furcht erregende Masken

Sieht diese Blüte nicht so aus, als ob sie ein verzweifeltes Gesicht hätte?

Unheimliche Distel

Blütenmasken

Es gibt viele seltsame Blütenformen. Manche erinnern an menschliche Gesichter, an Fratzen oder Masken. Das rechte Bild zeigt eine Orchidee. Links ist ein Vertreter der Eisenkrautgewächse zu sehen. Die außergewöhnlichen Blüten dienen dazu, Insekten in die Falle zu locken und sich bestäuben zu lassen!

Zaubernuss

Die Zaubernuss findet sich in Nordamerika. Nachdem der grüne Strauch im Herbst seine Blätter verloren hat, wachsen gelbe Blüten, die auch der Kälte widerstehen. Die Indianer hielten die Zaubernuss für eine verwunschene Pflanze!

Distel

Vor allem an Wegrändern kann man diese große Pflanze sehen: Sie erreicht oft eine Höhe von 2,40 m! Mit ihren trockenen Blättern und den Stacheln wirkt sie bedrohlich.

Diese Orchideenblüte könnte ein Gesicht mit einer Maske sein!

Bizarre Zaubernuss

Pflanze oder Tier?

Manche Tiere haben eine ganz besondere Methode um sich vor Feinden zu schützen: Sie ähneln Pflanzen!

Lebende Blätter

Dieser Frosch ist kaum vom Blatt, auf dem er sitzt, zu unterscheiden!
So ist er auch für seine Feinde nicht zu erkennen.
Andere Tiere haben noch ausgefeiltere Tricks auf Lager: Das Chamäleon kann seine Farbe ändern! Sitzt es auf einem Blatt, wird es grün. Ruht es sich auf Steinen aus, zeigt es eine graue Färbung!
Auch wenn es wütend wird, kann seine Farbe sich ändern.

Insekt als Zweig

Die Stabheuschrecke ist auch auf den zweiten Blick kaum vom Gestrüpp, in dem sie lebt, zu unterscheiden!

Den ganzen Tag über sitzt sie regungslos am selben Fleck. Nur nachts bewegt sie sich.
Sie kann auch ihre Farbe ändern: tagsüber hellere, nachts dunklere Töne.

Die Farbe des Frosches (Bild links) entspricht genau der Blattfarbe. Zudem sind die Linien auf seiner Haut leicht mit den Blattadern zu verwechseln!

Stabheuschrecke im Gestrüpp

Tier oder Pflanze?

Liane oder Schlange?

Wanze oder Blatt?

Heuschrecke oder Blatt?

Tarnfarbe

Die Baumwanze hat die gleiche Farbe wie die Blätter, auf denen sie sitzt. So wird sie von ihren Feinden nicht entdeckt und kann in aller Ruhe den Pflanzensaft saugen.

Unsichtbar

Manche tropischen Schlangen hängen so in den Bäumen, dass sie nicht mehr von einer Liane zu unterscheiden sind. Die ahnungslose Beute nähert sich und ... hopp ... hat eine Schlange sie gefangen!

Wandelndes Blatt

Diese tropische Heuschrecke heißt tatsächlich so! Und das zu Recht: Bleibt sie ruhig sitzen, sieht sie genauso aus wie ein Blatt. So ist sie vor ihren Feinden sicher.

Achtung, Fliegenfalle!

In den Sümpfen North Carolinas (USA) ist die Venusfliegenfalle zu finden. Mit ihrem Duft lockt sie die ahnungslosen Insekten an um sie zu verspeisen.

Die Blätter der Venusfliegenfalle bestehen aus zwei großen Klappen, die am Rand Borsten tragen. Sie lassen sich öffnen und schließen!
Sobald ein Insekt auf den Blättern sitzt, klappen sie zusammen und nehmen das Tier gefangen!
Diese Bewegung wird durch drei Fühlhaare ausgelöst, die mehrmals hintereinander berührt werden müssen. So wird vermieden, dass die Pflanze sich unnötig wegen eines Wassertropfens oder Staubkornes verschließt!
Zwei Wochen braucht die Pflanze um ein gefangenes Insekt zu verdauen.

Das Fettkraut

Das Fettkraut (Bild unten) hat eine etwas andere Jagdmethode: Auf seinen dicklichen Blättern sitzen Drüsen, die eine klebrige Flüssigkeit abgeben. An ihr kleben Insekten sofort fest. Die Bewegungen ihrer Befreiungsversuche lassen die Blätter zusammenklappen.
Die Beute wird nun in aller Ruhe verdaut.

Insektenvielfraße

Nektar zu kommen, in die Pflanze.
In deren Inneren sind kleine Härchen, die verhindern, dass das Insekt wieder nach oben gelangt.
Die Beute fällt geradewegs in einen Verdauungssaft! Frösche warten auf diesen Moment: Bevor die Zersetzung der Beute beginnt, schnappen sie sich die Insekten!

Die Sarrazenie wurde zur Insekten fressenden Pflanze, weil sie im nährstoffarmen Boden der Sümpfe sonst nicht überlebt hätte!

Sonnentau
Die Blätter dieser Pflanze sind mit Härchen bedeckt, die so aussehen, als ob der Morgentau auf ihnen glitzerte.
Damit lockt der Sonnentau Insekten an. Kaum ist die zukünftige Beute gelandet, klebt sie auch schon fest. Sie versucht sich zu befreien und löst dadurch eine Bewegung der Pflanze aus: Der Sonnentau legt seine Härchen um das Insekt, das Blatt rollt sich zusammen. Ein Verdauungssaft wird abgegeben.
Die Pflanze braucht mehrere Tage um das Insekt zu verdauen.

In einem Sommer kann eine Pflanze über 2000 Insekten fangen und verdauen!

Der Forscher Charles Darwin hat festgestellt, dass der Sonnentau besonders gut wächst, wenn er rohes Fleisch, Eiweiß und Käse verzehrt!

Sarrazenie
Diese Schlauchpflanze, die man auch Wasserkrug nennt, wächst in den Sümpfen Kanadas.
Ihre Blätter bilden einen Schlauch, an dessen Rand ein süßer Lockstoff abgegeben wird.
Insekten landen und fallen bei dem Versuch, an den

Ameisen zur Verteidigung

Die Passionsblume verteidigt sich gegen Insekten.

Es gibt eine Wespenart, die den Nektar der Passionsblume zwar aufsaugt, dabei aber keinen Pollen zu anderen Blüten mitnimmt. Diese Wespen bereichern sich also an der Pflanze, ohne bei ihrer Bestäubung mitzuhelfen. Um sich gegen diese Diebe zu wehren gibt die Passionsblume an ihren Stielen einen zuckerhaltigen Saft ab, der große Ameisen anlockt.

Die Ameisen sind Feinde der Wespe! Ein weiterer Feind der Passionsblume ist eine Schmetterlingsart. Ihre Raupen fressen die Pflanze kahl!

Selbst das Gift in ihren Blättern und ihre klebrigen Härchen halten die gefräßigen Raupen nicht ab. Deshalb hat die Passionsblume eine weitere Verteidigungstechnik: Auf ihren Blättern bilden sich kleine Kugeln, die genauso wie die Eier des Schmetterlings aussehen und riechen.
Das Insekt legt deshalb auf den Blättern keine Eier mehr ab, weil es meint, dass ein anderer Schmetterling ihm schon zuvorgekommen sei und nicht genug Nahrung für alle Raupen da wäre. So bleibt die Passionsblume von den gefräßigen Gästen verschont!

Ein süßer Saft tritt an den Stielen aus und lockt Ameisen an, welche die Pflanze verteidigen!

Versteckspiel in der Wüste

In den Wüsten Südafrikas haben die Haworthienarten verschiedene Wege gefunden Hitze und Trockenheit zu überleben!

Eine Art verschwindet in Trockenzeiten einfach unter der Erde!
Die Wurzeln ziehen die Pflanze so weit ins Erdreich, bis nur noch die Blattenden zu sehen sind.
Diese Enden nehmen das lebensnotwendige Sonnenlicht auf.
Sobald Regen einsetzt, saugen sich die Wurzeln mit Wasser voll, wachsen und drücken die Pflanze wieder nach oben!

Auf und zu

Eine andere Haworthie hat Blätter, die wie bei einer Artischocke angeordnet sind. Wenn es regnet, öffnet sich die Blattrosette.
Die Blattspitzen sind fast durchsichtig: Sie nehmen das Sonnenlicht auf und leiten es ins Innere, wo das Chlorophyll sitzt.
Denn nur so kann die Pflanze den für sie lebensnotwendigen Nahrungssaft herstellen.

Diese Haworthienart kommt bei Regen aus der Erde (1) und vergräbt sich bei Trockenheit (2).

Die Haworthien sind aufs Beste an lange Trockenzeiten angepasst.

Diese Haworthienart öffnet und schließt sich, je nachdem wie feucht es ist.

Bunte Blütenpracht

Die Blüten verdanken den Farbpigmenten ihre bunten Blätter.

Aufgabe der Pigmente

Noch sind nicht alle Geheimnisse der Pigmente gelüftet. Manche von ihnen schlucken Licht, andere reagieren empfindlich auf Säure. Es gibt zum Beispiel eine Blume, die morgens rosa und abends blau ist. Wie ist das möglich? Das Wasser am Morgen ist saurer, was die Blüte mit einer Farbveränderung anzeigt. Aber vor allem verleihen die Pigmente den Pflanzen leuchtende Farben, mit denen Insekten angelockt werden, die die Blumen bestäuben.

Farbpigmente sind Stoffe, die den Blüten ihr buntes Aussehen geben.

Chlorophyll ist einer dieser unzähligen Farbstoffe. Es ist in fast allen Pflanzen enthalten und gibt ihnen eine grüne Farbe. Aber es gibt noch viele andere Pigmente zwischen Hellgelb und Dunkelrot. Manche Farbstoffe sind sehr hartnäckig. Selbst nachdem sie von einem Tier aufgenommen worden sind, wirken sie noch. Man sieht sie z. B. im Eigelb.

Giftige Pflanzen

Tollkirsche

Dieffenbachie
Die Dieffenbachie ist eine beliebte Zimmerpflanze, allerdings ist sie sehr giftig. Gelangt der Pflanzensaft in den Mund, schwellen Zunge und Lippen an, wie bei einer Verbrennung! Ein kleines Stück eines Blattes reicht aus um eine Woche nicht mehr reden zu können. Kommen die Augen mit dem Saft in Berührung, kann man sogar blind werden!

Dieffenbachie

Die Beeren der Schwarzen Tollkirsche enthalten das giftige Atropin.

1947 tötete der Engländer Graham Young mit dem Gift der Tollkirsche fast seine ganze Familie und später im Gefängnis seine Zellengenossen!
Im 15. Jahrhundert lutschten die feinen Damen Beeren der Tollkirsche, weil sie dadurch große, strahlende Pupillen bekamen. Deshalb heißt die Tollkirsche auch Belladonna, was „Schöne Frau" bedeutet.
Heute wird das Atropin zur Behandlung von Augenleiden und Verdauungskrankheiten benutzt: Es löst Krämpfe und erweitert die Gefäße.
In Europa gibt es verschiedene Arten der giftigen Pflanze. Bei uns wächst die Schwarze Tollkirsche in den Laubwäldern.

Gefährliche Pflanze

Der Eisenhut ist eine durch und durch giftige Pflanze: Stiel, Blätter, Wurzel, Samenkörner – überall ist Aconitin zu finden, das zu den gefährlichsten Pflanzengiften zählt!

Achtung, Gefahr!

Der Eisenhut ist eine weit verbreitete Pflanze mit rund 300 verschiedenen Arten. Alle enthalten das Gift Aconitin. Isst man versehentlich ein winziges Stück der Wurzel, werden Lippen und Zunge taub, man fühlt sich schwach und schwindlig. 10 g der Wurzel reichen um zu sterben!

Auf der Jagd

Die Menschen der Frühzeit jagten mit Pfeilen, deren Spitzen in Aconitin getränkt waren.
Im Mittelalter legte man Fleischstücke für Füchse und Wölfe aus, die mit Aconitin vergiftet waren.
Auch heute noch wird das Gift des Eisenhutes bei der Jagd auf Elefanten und Büffel eingesetzt!

Aconitin, das Gift des Eisenhutes, kann Tiere und Menschen bewusstlos machen. Besonders giftig sind die Pflanzen, die in Asien wachsen.

Natürliche Medikamente

Der Schlafmohn oder auch Gartenmohn wird vor allem in Vorderasien und Indien angebaut. Er hat weiße Blüten und wird bis 1 m hoch.
Der Klatschmohn oder Feldmohn hat rote Blüten und säumt die Felder.

Kokastrauch

Diese Pflanze stammt aus Südamerika.
Schon seit langer Zeit kauen die Indios in Peru und Bolivien ihre Blätter um Schmerz, Hunger und Müdigkeit zu vergessen.
Seit dem 19. Jahrhundert werden die Blätter zu Kokain verarbeitet.
Als Medikament wird es auf Wunden gepinselt und lindert Schmerzen.
Als Rauschgift ist Kokain sehr gefährlich und macht genauso wie Opium abhängig.

Der Kokastrauch wird 2 bis 3 m hoch.

Das älteste Medikament: Opium

Opium ist ein Extrakt aus der Kapsel des Schlafmohns. Ist der Saft getrocknet, wird aus ihm Opium hergestellt.
Schon in den alten Kulturen war Opium für seine beruhigende Wirkung bekannt.
Im 17. Jahrhundert begann man in China Opium zu rauchen und nicht mehr nur als Medikament, sondern auch als Rauschgift zu benutzen.
Heute findet man Opium in starken Schmerzmitteln, die bei schweren Krankheiten, wie z. B. Krebs, verabreicht werden.
Als Rauschgift ist Opium sehr gefährlich: Es macht abhängig und kann sogar zum Tod führen.

Nützlich und gefährlich

Lebenslauf

In seinem zweiten Lebensjahr blüht der Fingerhut.
Seine Blüten werden von den Hummeln besucht, die den Pollen mit sich tragen und die Pflanzen bestäuben.
Ist der Fingerhut befruchtet, bilden sich kleine Kugeln, in denen tausende winzige Samenkörner enthalten sind.
Der Wind verteilt sie und sie wachsen zu neuen Pflanzen heran.
Die Stauden des Fingerhutes blühen in Rot, Weiß oder Gelb.

Der Fingerhut wird bis 1,50 m hoch. Er stammt aus Europa und Zentralasien. Sein Gift wird für Medikamente verwendet, die bei Herzerkrankungen helfen.

Der Fingerhut ist eine schöne Pflanze, die man oft in den Bergen findet. Man pflanzt ihn aber auch in Gärten an.

Der Fingerhut enthält in seinen Blättern das Gift Digitalis. Digitalis wirkt auf das Herz. Zu viel davon kann Schwindelanfälle hervorrufen und das Herz rasen lassen.
Man kann sogar davon sterben! Trotzdem ist dieser Wirkstoff für die Medizin sehr nützlich.

In geringen Mengen unterstützt er ein schwaches, krankes Herz und hilft ihm regelmäßig zu schlagen.

Leuchten in der Nacht

Man nennt diese Krankheit Wurzelfäule.
Jeder Baum, der leuchtende Pilze trägt, ist also gerade dabei zu sterben!
Ist der Baum tot, wächst der Pilz weiter. Mithilfe des Myzelgeflechts befällt er den nächsten Baum.

Trichterling
Bei diesem Pilz leuchten die Lamellen seines Hutes.
Man nennt das Leuchten auch Fluoreszieren.
Im Gegensatz zum Hallimasch ist der leuchtende Trichterling nicht essbar!

In den tropischen Wäldern Asiens kann man nach Regenfällen in der Dunkelheit leuchtende Pilze sehen (Bild oben). Sie strahlen gelb, orange oder blaugrün. Auch in Europa gibt es solche Pilze: Hallimasch und Trichterling sind am meisten verbreitet.

Pilze bestehen nicht nur aus dem sichtbaren Teil über der Erde, sondern sie haben unterirdische Stränge aus vielen Zellfäden, die zusammen das Myzelgeflecht bilden. Das mehrere Meter lange Myzelgeflecht des Hallimasch beginnt zu leuchten, wenn es mit der Luft in Berührung kommt.

Baumparasit
Der Hallimasch ist ein Baumparasit, d. h., er durchbohrt mit seinen Myzelsträngen die Rinde und die Wurzeln. Er macht den Baum krank, bis er langsam abstirbt.

Trichterling

Seltsame Formen

Leberpilz

Nur der junge Pilz ist essbar, später wird er oft zäh. Aber er muss auf jeden Fall gut gekocht werden, denn sonst kann man sich vergiften!
Diesen ungewöhnlichen Pilz kann man im Herbst in den Wäldern finden.
Daher nennt man ihn auch oft Herbstlorchel.
Giftig ist die Frühjahrslorchel, die hauptsächlich auf sandigen Böden in Kieferwäldern wächst.
Die Lorchelarten zählen zu den Schlauchpilzen, die in der ganzen Welt verbreitet sind.

Leberpilz
Der Leberpilz wird auch Fleischpilz oder Blutschwamm genannt. Sein Fruchtkörper hat die Größe einer Zunge, oft auch die einer Hand: Er kann 20 cm lang werden!
Der Leberpilz ist ein Speisepilz und schmeckt etwas säuerlich.
Sein Fleisch ist weich und enthält eine blutrote Flüssigkeit. Er wächst an Eichenstämmen.
Auch dieser Pilz ist ein Baumparasit: Sein Wachstum bedeutet für den Baum den Tod.

Krause Lorchel
Die Krause Lorchel hat nicht nur einen seltsamen Namen, sie sieht auch ungewöhnlich aus: Ihr cremefarbener Hut besteht aus gewellten Lappen, die in unregelmäßigen Falten liegen.
Der Fuß ist nicht glatt, sondern längs und quer gerippt.
Sie wird bis 15 cm hoch.

Krause Lorchel

Mit Schirm und Hut

Riesenbovist

Im Laufe seines Lebens verteilt ein Riesenbovist unzählige Sporen. Eigentlich müsste dieser Pilz weit verbreitet sein, man findet ihn aber nur selten. Wie kommt das? Aus den Sporen werden vier verschiedene Myzelgeflechte, die alle in wenig Wasser zusammentreffen müssen. Nur dann kann ein neuer Pilz entstehen!

Schwindling
Der Schwindling ist ein Lamellenpilz.
Bei Trockenheit schrumpft er sehr zusammen. Regnet es, spannt er den Hut wie einen Schirm auf, die Sporen bleiben so trocken.

Riesenbovist
Der Riesenbovist ist ein Bauchpilz und hat einen weißen, kugeligen Fruchtkörper, dessen Aufgabe es ist, Sporen zu bilden.
Bis zu 50 cm Durchmesser kann diese Kugel erreichen! 1985 hat man einen Pilz mit 7,5 kg Gewicht gefunden. Sein Umfang betrug 1,27 m! Bei den anderen Pilzen wachsen die Sporen an den Lamellen, beim Bovist aber reifen sie im Innern des Kugelhutes. Eine Haut umhüllt die Sporen, sodass sie trocken bleiben.

Sporen
Sporen sind Vermehrungszellen, durch die sich ein Pilz fortpflanzt.
Wenn der Bovist älter wird, lässt er aus einer Öffnung ganze Wolken voller Sporen entweichen.

Heilige Blüte

In vielen Religionen der Welt spielt die Lotusblüte eine große Rolle. Man sagt, dass Buddha auf einer solchen Blüte geboren sei. Heute ist sie sogar zum Sinnbild für den Buddhismus geworden.

Besondere Blüte
Diese Pflanze gehört zu den Seerosengewächsen und lebt auf dem Wasser.
Ihre Blüte kann über 25 cm groß sein, blüht aber nur vier Tage lang.

Die Farbe ihrer Blüte lockt Insekten an, die sie bestäuben.
Es bildet sich eine Frucht, die wie ein Duschkopf aussieht.
In Kammern sind die Samenkörner verborgen.

Seltsame Frucht
Ist die Blüte verwelkt, fällt die Frucht mit dem Kopf nach unten ins Wasser.
Die Samenkörner fallen aus den Kammern.
Sie sind von einer leichten Schutzhülle umgeben, die sich langsam im Wasser zersetzt.
Schließlich sinken die Samenkörner auf den Teichboden.

Langer Atem
Lotussamen können lange Jahre warten, bis sie endlich die geeigneten Bedingungen finden und keimen.
Man hat in China Samen entdeckt, die nach fast 1000 Jahren noch keimten!
Wegen dieser Fähigkeit scheint die Lotusblüte unsterblich zu sein.

Uralte Pflanzen

Seit 400 Millionen Jahren gibt es Moose auf der Erde. Sie haben sich aus grünen Algen entwickelt.

Moose sind sehr nützlich: Sie halten den Boden fest und schützen ihn. Eine Moosschicht ermöglicht zahlreichen anderen Pflanzen zu keimen und zu wachsen, da sie lange Feuchtigkeit speichert. Das Torfmoos (Bild unten) ist in feuchtkalten Gebieten zu finden und bildet dichte, weiche Teppiche, auf denen man einsinkt.

Torfmoos

Die obere Schicht wächst weiter, während die untere langsam abstirbt.

Oft findet man meterhohe, abgestorbene Moosschichten. Sie mischen sich mit anderen Pflanzenresten, vermodern und bilden eine luftige, leichte Masse, den Torf. Gärtner mischen Torf gern der Erde bei. Sie wird dadurch leichter, feuchter und nährstoffhaltiger.

Wasserspeicher

Die Blätter des Torfmooses besitzen entlang ihrer Stängel unzählige hohle Kammern, die Wasser aufsaugen und das 30fache ihres eigenen Gewichtes speichern können!

Verschiedene Moose

Schönheit mit üblem Geruch

Vermehrung
Nur Fliegen mögen den strengen, fauligen Geruch des Gitterpilzes.
Durch ihn werden sie angelockt.
Sofort machen sie sich daran, das rote Gitter zu fressen.
Innerhalb kürzester Zeit ist nichts mehr von ihm übrig.
Aber das bedeutet nicht sein Ende, denn das Gitter ist für den Pilz wie eine Frucht, die seine Sporen weiter verbreitet.
Außerdem ist unterm Laub ein Netz aus Fäden verborgen: das Myzelgeflecht.
Es hilft dem Pilz auch weiterzuleben.

Gitterpilz
Dieser Pilz hat keinen Fuß und besteht aus einer apfelgroßen, leuchtend roten Gitterkugel.
Der Pilz, den man auch den Scharlachroten Gitterling nennt, sieht zwar schön aus, aber er verbreitet einen Ekel erregenden Geruch!
Selbst Tiere machen einen Bogen um ihn!
Der Gitterpilz ist sehr selten: Die Chancen, bei einem Spaziergang auf ihn zu stoßen, stehen schlecht.

Diese rote Gitterkugel ist ein Pilz, den man nicht essen kann.
Vor seinem Geruch fliehen alle Tiere - außer den Fliegen!

Rauschmittel

Fliegenpilz
Die Sage erzählt, dass der Teufel und die Kröte einen Pakt geschlossen haben und das Krötengift so in den Flicgenpilz gelangt sei!
In der Tat ist dieser Pilz sehr giftig. Wer von ihm isst, bekommt Wahnvorstellungen und durchleidet Höllenqualen. In manchen Gegenden verzehrt man diesen Pilz auch heute noch wegen seiner bewusstscinsverändernden Inhaltsstoffe.
Anderswo legt man ihn aber auch nur auf einen Teller um Fliegen fern zu halten.

Fliegenpilz

Peyotl
Dieser Kaktus wächst in Mexiko. Er gehört zu den Schnapskopf-Kakteen und enthält einen Stoff, den man Meskalin nennt.
Nimmt man Meskalin zu sich, hat man rauschartige Halluzinationen. Für die Indios ist der Peyotl eine heilige Pflanze. Früher gingen sie unter der Führung eines Zauberers in die Wüste um diesen Kaktus zu pflücken.
Dieses Ritual gibt es noch immer. Allerdings pflückt man ihn heute per Auto!

Peyotlkaktus

Mimosenhaft

Berührt man die Blätter der Mimose, reagiert die Pflanze darauf: Das Wassergleichgewicht in den Blättern ändert sich, die Pflanze scheint zusammenzuzucken.

Die Mimose, die auch Sinnpflanze genannt wird, hat Blätter, die auf Berührungen reagieren! Zur Familie der Mimosengewächse gehören rund 2000 Arten.

Selbst eine leichte Berührung mit der Fingerspitze lässt die Mimose reagieren: Die Blätter bewegen sich aufeinander zu (1) und klappen dann ganz zusammen (2).

Zuletzt sinken die Blattstiele völlig ab (3).
Beim Berühren stört man das Wassergleichgewicht der Pflanze.
Blätter und Stiele verlieren ihre Festigkeit.
Dieser Zustand dauert nur wenige Sekunden.
Die Mimose braucht aber Stunden um die ursprüngliche Haltung wieder einnehmen zu können.
Die meisten Mimosengewächse sind stachelig oder dornig.

Pflanzen atmen

Rosenblatt, 500fach vergrößert

Unter dem Mikroskop
Das untere Bild zeigt ein Tabakblatt in 870facher Vergrößerung. Gut sind die Spaltöffnungen zu erkennen.
Sie enthalten einen Mechanismus, der aus zwei Schließzellen besteht.
Diese sind bei Feuchtigkeit mit Wasser angefüllt und geöffnet. Wenn sie austrocknen, verschließen sie die Spaltöffnung. So wird verhindert, dass die Pflanze Feuchtigkeit verliert.

Pflanzen nehmen Kohlendioxid aus der Luft auf und geben Sauerstoff ab.

Zum Atmen haben sie auf den Blättern kleine Löcher, die so genannten Spaltöffnungen. Am Tag nehmen Pflanzen Sonnenlicht auf um Nährstoffe herzustellen. Bei diesem Vorgang, der Fotosynthese, wandeln sie Kohlendioxid in Sauerstoff um.
So produzieren sie Luft zum Atmen für Tiere und Menschen.
Deshalb sind Bäume für uns alle lebensnotwendig!

REGISTER